一本書讀懂稻盛和夫

百術不如一誠

稻盛和夫的經營哲學與人生觀

曹岫雲◎著

U0014314

我最後一次見稻盛和夫，
是在 2019 年 10 月 1 日，
地點是他的辦公室，共 45 分鐘。
稻盛對我的信任、愛護、體諒，
讓我感動、感激、感謝，
這種感覺是刻骨銘心的。
後來我對日本友人說：
我覺得，現在我天天與稻盛塾長在一起，
從來沒有分開過。
因為無論在工作還是在生活中，
總有許多事情需要自己判斷，為了做出正確的判斷，
就需要稻盛塾長教給我的
「做為人，何謂正確」的判斷基準。
雖然後來新冠肺炎疫情暴發，
稻盛閉門不出，
在 90 歲高齡時壽終正寢，
但稻盛塾長永遠活在我心中。

|推薦序|人生與經營企業的核心思維

「**心誠則靈**」，當我受邀寫這本書的推薦序時，心中不自覺就湧上這四個字。我想會有如此的即時思緒，應該是這二十多年來，我追隨著稻盛和夫先生經營腳步，以及他老人家的中心思維，才會很直覺的浮現這四個字。

稻盛先生的一生，都以「**心**」做為人生與經營企業的核心思維，因此不管當他面對人生、企業經營，或是來自社會的正、負面言論時，還有當大部分成功企業家在得到些許成功後，容易在心性出現偏差時，稻盛先生所展現出來的個人思維態度，始終都毫無改變。

這就是稻盛先生一切皆以所謂的「原理原則」，作為自己面對每日所有事情發生時的基準、尺度，也就是我們在閱讀此書時，作者所提出稻盛先生在面對所有大小事，皆以「**做為人，何謂正確？**」做為判斷基準。

也正因為如此，他可以創立京瓷和 KDDI 兩家世界 500 強企業，並且用一年的時間，讓瀕臨破產的日本航空重新獲利，並成為全球獲利最高的航空公司。

這些在外人看來，也許可以用「神話」來看待，但是了解稻盛和夫哲學的人，都知道這個哲學的力量，如果真真切切踐行在個人或企業經營中，將會對個人及企業產生極大的影響及改變。這也是為何全球有那麼多的企業領導人，一旦真正去接觸並且了解、踐行後，都能感受到「稻盛哲學」的力量強大。這是我個人在過去十幾年走遍全球各國，參與盛和塾拓展稻盛哲學期間最強烈的見證。

本書很適合眾多希望了解稻盛先生生平事蹟以及稻盛哲學的新讀者，書中分享了稻盛和夫年幼時期的家庭、個人生活到求學、大學畢業後，面對第一份工作時所發生種種年輕人初入社會時的無奈與不確定性的內心深處，還有現實環境與家庭互動的微妙感情等不同時期的故事。

當稻盛和夫一個人隻身在異地求生存時，只能咬緊牙根，專注在眼前唯一的出路與被動選擇時的心情狀態下，重新改變自我心態後，所產生的新動力與新壓力後的種種發生，也體現了稻盛先生為何要自我創業的時空壓力與背景。

書中同時引導進入了稻盛先生如何建立起未來在全球精密陶瓷產業領導企業的「京瓷公司」，他是如何透過長官、同事及旁人協助建立。直到現在再回頭來看 1959 年京瓷創立的時刻，實在很難想像如今的京瓷會如此的強大。

加上稻盛先生創立第二電電與日航再生的奇蹟，這一切更可以讓人感受到「經營為何要有哲學」，同時每個人在面對自己的工作、使命時，必須要付出極度的努力，也就是我們對於工作哲學的闡述時所說的，要以「付出不亞於任何人」的態度，來成為我們企業每一個人的工作哲學，這樣才有機會讓自己與企業成功！

我個人追隨稻盛先生學習稻盛哲學近二十年，加上在全球各地推展稻盛哲學，並以「利他思維」來推展稻盛哲學的實際思維與看見，看到作者曹岫雲先生撰寫這本書時，細心的為讀者分類，將稻盛先生對於人生以及內心思維總結分析，用 11 個觀點來剖析稻盛先生的所思所想、所作所為，以及稻盛先生對人生、工作、經營企業態度，並且涵蓋從個人生活、經營企業、社會反饋、地緣政治、以及全球乃至宇宙存在說，來闡述稻盛先生的自我心性及思維。與其說這是一本勵志的哲學書，倒不如說它是用哲學方式，來剖析稻盛先生在世的 90 年間所發生的類傳記描繪。

最後，感謝城邦集團及總編輯、團隊邀請我為此書撰寫專文推薦。今年是我踐行稻盛哲學的第二個十年，以稻盛先生的嫡傳徒弟角色來看待稻盛哲學，我以下列的簡單說明來呈現稻盛哲學：

如果用 4 個字來形容，是「**敬天愛人**」，3 個字是「**致良知**」，2 個字是「**利他**」，而一個字就是「**心**」。總結稻盛哲學有百分之八十五以上在談論「心」，所以才有「以心為本經營」、「動機至善，私心了無」。稻盛先生始終提醒每位學習稻盛哲學的人，必須「**提升心性，拓展經營**」，這樣才能讓我們的人生達到「真、善、美」，最後離開時，我們的靈魂才能比來時更高尚、純淨。感恩！

稻盛和夫哲學文化協會創辦人

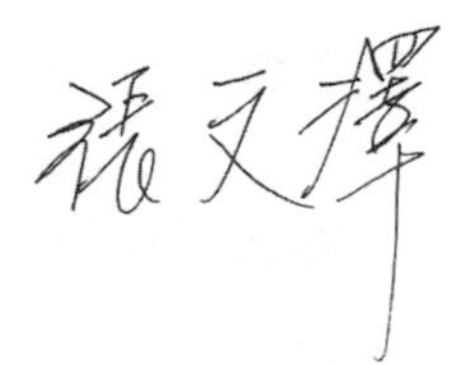

｜推薦序｜稻盛和夫的三意思維

過去十五年來，我每週一次在《經濟日報》寫「點子農場」專欄，這個專欄一直在倡儀「三意」，鼓勵個人和企業要不斷的用「創意」去推動「生意」，並且把「公益」當目的，讓三者不斷創造善循環。

寫到目前為止，印象最深刻的是和一位資深企業家的對話，他曾經在政商舞臺呼風喚雨，我們無所不談，一直是我的讀者的他，有一天對我坦白分享他對三意的想法，於是我們便開始了以下蘇格拉底式的對話。

「企業要先把生意做好，賺到錢才能做公益。」他說。

「如果企業為了賺錢而犧牲公益，再把賺到的錢拿一部分用來做公益，那不是對社會的傷害更大？」我反問他。

過去半個世紀以來，臺灣有太多這樣的故事。富可敵國的企業，破壞環境又摧毀人文，這些損失是再多錢都無法彌補的。

每每經歷以上的對話，我也會好奇，稻盛和夫會如何思考與回應。我相信他一定和我一樣，認為公益也會是好生意。如果一家公司讓社會大眾的人生更好，社會大眾也一定會更加支持這家公司；相反的，只在乎生意而不在乎公益的企業，一定會被市場所淘汰。這也是為什麼這幾年來，全球熱烈倡儀 SDGs（社會永續指標）和 ESG（環境社會治理），政府和大眾只想支持關心社會的企業。

這本書的內容告訴我們，稻盛和夫先生的哲學，也可以用「創意」、「公益」和「生意」這三意來解讀，以下這些名言都不難讀到他的「三意思維」：

關於創意，他說：

- 「只要全力以赴到一定的程度，就會得到『神的啟示』。」
- 「最深刻的幽默，是一顆受了致命傷的心靈發出的微笑。」
- 「物質有『可燃物』、『不燃物』和『自燃物』。

人也可以分成這三種，要做就做第三種。」

關於公益，他說：

- 「明確事業的目的和意義，樹立光明正大的、符合大義名分的崇高事業目的。」
- 「如果動機和方法都是良善的，就不必擔心結果了。」
- 「我是為了想帶著更美麗高尚的靈魂離開這個世界而來的。」。

關於生意，他說：

- 「我站在一樓，有人罵我，我聽到了很生氣。我站在十樓，有人罵我，我聽不太清楚，我還以為他在跟我打招呼。我站在一百樓，有人罵我，我根本聽不見，也看不見。一個人之所以痛苦，是因為他沒有高度，高度不夠，看到的都是問題。格局太小，糾結的都是雞毛蒜皮。放大你的格局，你的人生將會不可思議。」

而以上這些稻盛哲學的根本，其實就是一直在問「做為人，何謂正確？」這一句話。如同孔子說：「吾道一以貫之。」人世間所有的道理，就是一個「仁」字，那是王陽明所說的「致良知」，那是康德所說的人的絕對道德和理性。

問題是，如果稻盛先生一生對這世界所耳提面命的，其實都早就是每個生為人的人所了然於心的，那為什麼這世界會有越來越多的人追隨他的思想？

「恐怕沒有人百分之百地實踐了這些道德觀吧？這不是理所當然的事情嗎？」老先生說。

這也正是為什麼，這個世界要不斷的閱讀和思考稻盛哲學。

三意學校校長

吳仁麟

｜推薦序｜一誠勝百術

這本書寫了 22 天，也可以說寫了 22 年。

2022 年 8 月，稻盛和夫先生以 90 歲高齡辭世，他一生經手了三家躋身世界 500 強的企業，但相對於經營巨匠的身分，其稻盛哲學更加廣為人知。僅僅在中國市場，他的《活法》、《幹法》、《心法》等著作的發行量，就將近 2000 萬冊。無論是圖書數量還是學習人數，稻盛在中國的影響遠超其本土，而這一切都繞不開一個關鍵人物——身居江南的曹岫雲先生。

曹岫雲先生年近耄耋，精神矍鑠，常年奔赴各地弘揚稻盛「利他哲學」，同時筆耕不輟，如今大家耳熟能詳的關於稻盛的書籍，無論是譯作，還是著作，大多出自他的手筆。可以說稻盛哲學在這世間的發揚光大，岫雲先生居功至偉。稻盛當年慧眼識珠，一眼便相中這樣的衣缽傳人，可謂目光如炬。

不久前，岫雲先生應出版界盛情之邀，寫了一本可以讀通稻盛哲學的書。感懷於二十年來的點點滴滴，岫雲先生不但答應下來，而且奮筆疾書，僅用 22 天便完成了全書，如有神助，堪稱奇蹟。

這本新書回顧了稻盛的出生、成長、教育、事業發展，既有屢遭挫折的少年往事，也有白手起家的創業經歷；既有盛和塾的盛況空前，也有拯救日航的臨危受命，以及覆蓋稻盛哲學方方面面的十三觀，包括人生觀、工作觀、經營觀、幸福觀、教育觀、善惡觀、國際觀、政治觀、科學觀、生命觀、心性觀、宇宙觀乃至婚戀觀。如果你沒有時間通讀市面上所有關於稻盛和夫的書，那麼本書就是 All in One（即總覽一切）的那本。

稻盛 27 歲創業，創立了後來著名的京瓷，但在草創時，一個普通大學的畢業生帶領一幫中學生，要錢沒錢，要人沒人，實在很難看出這是一家將來會成為世界 500 強的企業。希望是如此渺茫，以至於起步沒多久，就發生了員工聯手要求加薪的事件。

但正是這些不利因素，反而促使稻盛很早就開始思考

「能力平凡的人，怎樣才能獲得不平凡的成功」這一人生命題，並一路走來，漸漸形成了人們今天看到的稻盛哲學。

2010 年，78 歲的稻盛和夫以退休之身臨危受命，受邀出山重振宣布破產的日航。消息甫一傳出，岫雲先生立刻發表了《日航重建——稻盛經營哲學的公開實驗》一文，歷史證明岫雲先生的預言相當準確。

僅用一年，日航便從虧損人民幣 100 億元到盈利 140 億元，創下該公司 60 年歷史中最高利潤兩倍的紀錄。對於拯救日航的初衷，稻盛提出了「三條大義」，但岫雲先生當面提出：「我認為應該還有第四條大義。」聽罷內容，稻盛笑著說：「這話只能你說，我自己不能說。」此情此景可謂心心相印，默契有加。

很少人知道這個「外行拯救航空業」的背後智慧，源自中國古代。稻盛早年便讀過《了凡四訓》，其作者袁了凡年輕時信命從命，生活安穩以至於不思進取，直到一天被棲霞寺禪師喝破：「人確實有命運，但命運是可以改變的。想好事、做好事，就會有好的結果；想壞事、做壞事，就會有壞的結果。」

正是這種「想好事、做好事」的人生觀，促成毫無航空業經驗的稻盛冒著「晚節不保」的風險，接下了這樣的重擔，用實際行動回答了「普通人到底應不應該信命信因果」這個命題。

談到參禪悟道，岫雲先生還記錄了一日與稻盛共進早餐時唱和的情景：

眾生本來佛，恰如水與冰；
離水則無冰，眾生外無佛。
不知佛在身，去向遠方求，
好比水中居，卻嚷口中渴。

這是一首禪詩，名叫《坐禪和贊》，這裡有日常、有普通、有讚美、有清泉，二人都非常喜歡。讀到這裡，讓人不由得想起我們發起的每日讚美活動。可見，普通人如何活出不平凡的人生，祕密並不一定在遠方。

岫雲先生在贈我新書的扉頁上，特別題寫「心純見真」四個字。記得當年在蠡湖之濱我們第一次見面時，談及人生中初見各自偶像竟然發生在同一年，無論是我初見巴芒（巴菲特和芒格），還是他初見稻盛，都發生在 2001 年。驚喜之餘，聊到各自在理念傳播、文字弘揚方面的進展，相對我有限的努力而言，曹老可謂著作等身。

他嘗言：「我譯書寫書，應邀到處演講，年中無休，樂在其中，不覺疲憊，不知老之已至。排除雜念，全身心投入工作，這就是最好的修煉。健康時勤奮工作，衰老時視死如歸，這其實是一件美好的事情。」

他自述在讀書寫作的過程中，時時有「三生有幸」的感動。大家可能不知道，多年以來曹先生放棄了很多版稅、翻譯費、編譯費，我想這也是古聖先賢精神的一脈相承，在他贈我的《稻盛哲學與陽明心學》一書序言中，有著對於這種精神的描述，尤其以一到五字的排列最為精妙，也就是大家熟知的「愛、利他、致良知、敬天愛人、為人民服務」。

作為中日友好使者，早在 2001 年回應中國西部大開發時，稻盛就設立了「稻盛京瓷西部開發獎學基金」。也正是那一年，岫雲先生在初見稻盛的答謝會上，發言的題目是《百術不如一誠》，當即引發了稻盛內心的共振，隨後表示自己此生最後一本書就應該以此命名。

從 2001 年的初見到 2023 年的成書，可以說，這本書用了 22 天完成，也可以說這本書用了 22 年。稻盛的心願，岫雲替他完成了。

一切言行皆有原點。書中提到岫雲先生興之所至，在自己喜歡的兩句話上又加上兩句：「登高莫問頂，途中耳目新。心裡有基準，踏實往前行。」這個基準就是稻盛哲學的原點——「**做為人，何謂正確**」。

有了原點，有了基準，遵循天道，關愛眾人，這樣的哲學可以運用到社會的不同行業、生活的不同側面，可以變化出百術萬術，但萬變不離其宗，百術不如一誠，一誠可勝百術萬術。

北京金石行知文化公司董事長

楊天南

｜各界佳評｜學習稻盛經營哲學必讀的一本書

這本書中談及的一些事，我之前還不知道，讀完很有收穫。閱讀這本書是一次系統性的學習，我對稻盛思想體系有了全方位的認知。從稻盛和夫的足跡，到其判斷基準、成功方程式、經營理念，再到 13 種「觀」，無不讓我受益良多！感謝曹老師帶給我們這本好書！

——貝殼找房營運長／**徐萬剛**

曹岫雲老師的這本書是一本讓讀者全面、準確、快速了解稻盛和夫成長經歷和思想觀點的難得的好書。曹老師和稻盛先生親密交往 20 年，書中許多稻盛先生鮮為人知的動人故事和思想觀點，令稻盛先生的形象更加豐滿，鮮明和生動，我一讀就愛不釋手。

——稻盛和夫（北京）管理顧問有限公司總經理／**趙君豪**

稻盛和夫已經過世，斯人從貧賤走來，得無窮榮耀與功業，早年即被封聖，最終親拆神壇。他的書算不得深奧，如清風過林，不著痕跡，卻觸動人心。我認為在未來的幾十年，中國的企業經營者非常有機會在稻盛和夫的經營管理思想的指導下再往前走兩步。而曹岫雲的解讀，無疑是幫助大家快速理解稻盛哲學的不二之選。

——財經作家，藍獅子出版創辦人／**吳曉波**

關於稻盛與稻盛哲學，曹老師用行雲流水般的文筆，刻畫得如此深刻動人！書中的故事跌宕起伏，妙趣橫生。例如稻盛創立京瓷時的細節，盛和塾的初始由來，以及稻盛先生的人生觀、教育觀、幸福觀乃至婚戀觀等。這真是一本引人入勝、讓人一口氣讀完大呼過癮的書。我個人學習稻盛哲學十幾年，如果一開始就能讀到這本書，一定可以事半功倍。這本書是所有想要學習稻盛經營哲學的人必讀的一本書！

——湖南大三及茶油股份有限公司董事長／**周新平**

｜前言｜百術不如一誠

2022年8月24日，稻盛和夫在家中安然離世，享年90歲，他靜悄悄地走了。他的葬禮只有少數至親好友參加，沒有驚動日本商界、政界、學界、新聞界的任何人。直到後事料理完畢，8月30日下午，他的家屬才對外公布了他逝世的消息，並拒絕一切獻花獻物乃至唁電。

2022年秋天，日本能率協會[1]做了一次調查，在全世界有史以來最卓越經營者前10的排名中，稻盛和夫超越松下公司的松下幸之助、蘋果公司的賈伯斯、豐田公司的豐田章男，超越被稱為「日本企業之父」的澀澤榮一等人，名列第一。雖然這個調查僅限於日本國內，但我認為，儘管這10位經營者各有千秋，都是世界級的耀眼明星，然而在這10

註1：日本民間組織，1942年成立，總部設在東京。以提高企業經營效率為目的，注重研究和推廣有實際效果的經營管理技術，向企業提供綜合服務。

位之中，作為科學家、企業家、哲學家、教育家、慈善家的稻盛和夫仍出類拔萃，作為全人類企業經營史上首屈一指的卓越人物，他當之無愧。

現在，稻盛的著作在中國的銷量已經超過 1500 萬冊，僅我翻譯的《活法》、《幹法》、《心》、《阿米巴經營》這 4 本書的銷售量已經達到 1000 多萬冊。有關稻盛的書籍在中國已有 90 多種，知道稻盛的人越來越多，認真學習並在工作中努力實踐稻盛思想，取得積極成果的個人和企業也越來越多。

同時，對稻盛和稻盛思想的解讀，包括文章、影片多不勝數。其中與事實有出入的，甚至存在誤讀、誤解的也不在少數，有的人隨意發揮，借用稻盛的口，說他自己的話，製造出許多混亂。

最近，有出版界的朋友提議並催促我，寫一本有關稻盛和稻盛思想的簡明讀本，供更多的讀者閱讀，同時也矯正一些錯誤的訊息。

2001 年 10 月 28 日，我在天津第一次見到了稻盛和夫先生。在第一屆中日經營哲學國際研討會上，我發表了題為

《百術不如一誠》的論文。論文的 4 個小標題是：

成事在合作

合作在信任

信任在誠意

誠意在原則

我講的所謂原則就是「實事求是」。但是，稻盛先生對我發言的點評是這樣的。

> 誠實地做正確的事，別人對你的信任感會油然而生。您經營的企業都是中小企業，雖然您說得很謙虛，但所講的內容和我平時宣導的幾乎是相同的，要重視原理原則。那麼，原理原則中最核心的部分，就是您所講的誠實、正義和信賴感。
>
> 您說不能把個人利益放在首位，不能做金錢的奴隸。您講如何信任部下，把經營委託給他們，又如何受到部下的信任，您講得非常細緻。企業經營不是單純追求利潤，而是信任別人、委託別人，任用比自己更優秀的人來經營企業，您說這很重要。您這麼說，就觸及了經營的真理。

我把「實事求是」這個經營的科學性的一面作為原理原則，而稻盛卻強調，原理原則中最核心的部分是誠實、正義和信賴感。

日本盛和塾負責人告訴我，稻盛塾長說「百術不如一誠」是金句，他最後一本書就要把「百術不如一誠」作為書名，我聽後就覺得稻盛先生與我有緣分。而我在與稻盛先生交往的過程中，始終遵循「百術不如一誠」這條基本原則。

但是，我在聽了稻盛先生的點評，特別是聽了稻盛先生「經營為什麼需要哲學」的主題演講之後，將《百術不如一誠》一文作了以下重要修改。

> 原則的道德側面和科學側面
>
> 在《百術不如一誠》這篇論文中，我把「實事求是」作為「統括其他一切原則的原則」，看作「哲學的真諦」。
>
> 那麼，「實事求是」這一原則，同被稱為稻盛哲學「原點」的「做為人，何謂正確」這一原則，是一種什麼關係呢？

我將論文的最後一節改寫如下：

那麼，什麼叫原則或原則中心呢？

稻盛先生說「做為人，何謂正確」這句話就是原則，就是判斷一切事物的基準，也就是一切行動的出發點或中心。

「做為人，何謂正確」這單純的一句話，看似抽象，卻抓住了問題的要害。

做為人，何謂對錯，何謂好壞，何謂善惡；做為人，什麼可做、該做，什麼不可做、不該做，其實大家都心知肚明。對的、好的、善的、可做的、該做的事，許多人沒做、沒做好或沒堅持做好；而錯的、壞的、惡的、不可做的、不該做的事，有人卻明知故犯，或偷偷摸摸，或冠冕堂皇，甚至肆無忌憚地大幹特幹。社會的很多亂象，因此而生。

「做為人，何謂正確」這一原則由兩個側面組成。一是道德或人格的側面，二是科學或理性的側面，即「實事求是」。只有人格高尚的人，才能始終實事求是；只有堅持實事求是，才能維持和提升自己的人格。道德側面和科學側面相輔相成。

比如公正公平，屬於道德範疇。儘管社會上存在著不公正、不公平的現象，但我們一刻也不能放棄對公正公平的追求，並盡可能做到基本的、相對的公正公平。我們任何時候都不敢說我們已做得很公正、很公平了，但公正公平卻是我們考慮問題的一個基本出發點，要做到這一點又必須結合實際情況。

比如，我們企業實施的利益平衡辦法，雖然比較公正，但另一個企業未必適用，因為那裡情況不同。現在的辦法在我們開工廠初期也行不通，因為當時情況不同。這就是說公正原則如何具體應用，要按實際情況辦，並在實踐中做必要的修正。世上沒有絕對的公正，只有堅持「實事求是」，才能使公正原則得到更好的執行。這是一方面。

但是另一方面，甚至更重要的一方面：公正公平、誠實、真善美等看似抽象的道德原則，其實是普遍真理，是人類共同的理想，人類必須孜孜以求。輕視或懷疑這些道德原則，必將導致混亂和災難。如果這些最簡單的道德原則真正成為社會的共識，成為人們的信念，那麼與道德原則對立的各種社會醜惡現象自然會大幅減少。在企業裡，主管的公正無私就是促使員工團結奮鬥的最大動力。

忽視道德和人格，不將道德和人格放在極重要的地位，只強調科學和理性，只強調「實事求是」，並不能堅持真正的「實事求是」。我們企業乃至社會的許多毛病的病根就在於此，我們歷史和現實的教訓，都已經證明並將繼續證明這個真理。

「實事求是」加「心純見真」，科學加道德，這就是我們得出的結論，也就是上面提到的原則中心。

以上內容的修改，我認為意義很大。

自 2001 年 10 月 28 日起，20 多年來，我有幸與稻盛先生一直保持著密切的交往，特別是自 2010 年由他親自提議的、與他合作創辦的「稻盛和夫（北京）管理顧問有限公司」成立以來，我在他的直接指導下工作，經常有機會在他身旁感受他的氣息，並不斷向他提問。

稻盛和夫究竟是一個怎樣的人？他的核心思想到底是什麼？他的思想和我們普通人的日常生活和工作有什麼關係？經常有人向我提出諸如此類的問題。

2013 年 10 月 13 日，在稻盛和夫經營哲學（成都）報告會上，我對 11 個與稻盛相關的問題做了簡明回答。稻盛和夫本人當場做了點評，並高度肯定了我的闡述。遵照出版界朋友的建議，我先把幾個有關問題的答案在前言中列出。

■ 問 1：在你的心目中，稻盛和夫是怎樣一個人？

稻盛出身是科學家，他在 24 歲左右就有重要的發明創造。他和他的團隊開拓了「又一個新石器時代」，在廣泛領域內擁有尖端的技術。但他出名的身分卻不是科學家，而是企業家，他創立了京瓷和 KDDI 兩家世界 500 強企業，還拯救了日航。舉世矚目的經營成果讓稻盛名揚天下。但我認為稻盛本質上是哲學家，而且與一般的哲學家不同，他是一位徹底追求正確思考和正確行動的、利他的哲學家。

另外，聽說在經營京瓷的時候，稻盛非常嚴厲，但或許因為我不是日本人而是中國人吧，稻盛對我比較客氣。最近一年多來（2013 年前後），我幾乎每個月都有機會和稻盛見面。我感覺他雖然有嚴肅的一面，但更多的是親切、謙遜，有時還很幽默，發言常常引得滿堂大笑。

他不但善於與你平等交流，而且極度認真專注。他往往一下子就能觸及事情的核心。他講話充滿哲理，娓娓道來，細緻透澈，和他交流是一種特別的精神享受。

還有，在我的心目中，稻盛是人不是神，我們也沒有必要去神化他。有人說稻盛是聖人，稻盛回答說：「我才不是什麼『聖人』呢，我只是一個極為普通的男人，如果我是『聖人』，那麼只要你們和我有一樣的想法、像我一樣努力的話，你們也能成『聖人』。」

稻盛有時也會朝令夕改。稻盛年輕時抽煙，每天兩包，後來戒了 17 年；去日航的時候，因為有精神壓力，又抽了起來。我竭力勸他戒煙，他果然戒了，但很可惜，只戒了 3 個月，現在又抽了，可見稻盛是和我們一樣的凡人。他至今仍然堅持天天反省，這是非常正確、非常必要的。

■ 問 2：你第一次見到稻盛的時候有什麼感覺？

在 2001 年 10 月 28 日這一天，我在天津第一次見到稻盛和夫先生，聆聽了他的「經營為什麼需要哲學」演講，當時我有一種一見如故、相見恨晚的感覺。

稻盛說，人生是有方程式的，判斷事物是有基準的，辦企業是要明確企業目的的。這些話之前我從沒聽說過，自己也從沒認真思考過。我不知道用什麼語言來形容我當時的感受。孔子說「朝聞道，夕死可矣」，明白了人生的真理就是人生最大的幸福。

我當時就有一種直覺，覺得能遇到稻盛這樣的人物來做自己的老師，有稻盛哲學來指引自己的工作和人生，是我莫大的幸運。所以一個月以後，我就專程去日本拜訪京瓷公司，買了稻盛在日本出版的全部著作，和當時一共 44 期的《盛和塾》雜誌，並如饑如渴地埋頭閱讀起來。

可以說跟許多企業家和學者一樣，從接觸稻盛開始，我的人生分成了「稻盛之前」和「稻盛之後」兩個階段。

■ 問 3：稻盛哪句話對你觸動最大？

「判斷一切事物都有相同的基準」，這句話對我觸動最大。比如，世界上品質、長度的基準原來都不一樣，但度量衡統一後有了國際標準單位，如重量單位克和千克，長度單位米和千米，這些基準都統一了。

那麼，「做為人，何謂正確」這個判斷事物的基準，能不能為人們所共有呢？這個可能性存在嗎？答案是存在這種可能性。因為每個人的內心深處都有良知，都有真善美，只要把人的這種本性發揚光大就行。

日航重建在短時間內就取得了卓越的成功，這個事實就是一個巨大的證明。原來價值觀很不一致的 32000 名日航員工，共有同一個判斷基準，或者說，稻盛用他的良知激發了全體員工的良知，全體員工的力量和智慧發揮出來，日航的成功就水到渠成了。

日航迅速起死回生給了我們一種信心，一種深刻的啟示，如果這個判斷事物的正確基準能夠推而廣之，不僅為日航員工，而且為全人類所共有，那麼千百年來我們的聖賢所描繪、憧憬和追求的理想的利他文明的社會就一定會出現。

■ 問 4：你認為稻盛哲學是什麼？

哲學有很多定義，比如，哲學是追究宇宙人生終極真理的學問，哲學是自然科學與社會科學的結晶，哲學是說明存在和意識、物質和精神、客觀和主觀、實踐和理論的關係學問，哲學有唯物論和唯心論等。

但稻盛哲學是用來實踐的，所以稻盛對哲學的定義是：用來規範和指導人們一切言行的根本思想。

■ 問 5：稻盛哲學對你個人最大的影響是什麼？

我認為有兩個方面。一方面，判斷和決定事情變得輕鬆了。事情複雜化，無非因為自己夾雜私心，有許多算計。從私心的束縛中解放出來，肯做自我犧牲，問題就單純化，事情該怎麼辦就怎麼辦。部下就會信任甚至尊敬你，你也可以向他們提出更高的要求。

另一方面，多了信念，少了擔憂。因為事情從決策到產生結果之間，有一個過程，在這個過程中，自己往往會擔心甚至焦慮。但學了稻盛哲學，強化了一種信念，那就是只要做事的動機是善的，實行的過程也是善的，就無須擔心它的結果。好結果的出現只是時間問題，而且好的程度甚至超出自己原來的預想。在中國傳播稻盛哲學有許多障礙，但因為有了信念，我就很少有擔憂和不安，即使在中日關係最緊張的時候，我們盛和塾的學習活動仍然照常進行。

稻盛和夫曾反覆強調，其思想哲學的「原點」，可以凝縮成一句話：以「做為人，何謂正確」當作一切判斷和行動的基準。稻盛說：「我自年輕時候起，就學會了自問自答『做為人，何謂正確』。」

我也是人，我也知道「做為人，何謂正確」，但是，在結識稻盛之前，我沒有學會自問自答「做為人，何謂正確」。沒有把「做為人，何謂正確」當作自己判斷一切事物的出發點，所以我的工作和人生，有時順利，有時失利，或喜或憂，磕磕碰碰。

當我在心中樹起這個基準，並努力對照這一基準採取行動時，我感覺心明眼亮，生活和工作煥然一新，這就是結識稻盛 20 多年，我一路走來的人生。我很喜歡「登高莫問頂，途中耳目新」這兩句話，我再加上兩句，「心裡有基準，踏實往前行」。

在這本書中，首先我就用這一基準，對稻盛的人生足跡做了梳理和描繪，其中有許多新鮮有趣的故事和細節是大家不知道的。其次，我對「判斷基準」這一稻盛思想哲學的「原點」做了通俗易懂的說明。然後，我對稻盛和夫的人生方程式，稻盛和夫的企業目的，稻盛和夫的人生觀、工作觀、經營觀、幸福觀、教育觀、善惡觀、國際觀、政治觀、科學觀、生命觀、心性觀、宇宙觀乃至婚戀觀，以及稻盛和夫對「心」的闡述，可以說都是從這個「原點」中演繹出來的。

讀者朋友們，稻盛的思想哲學一點也不複雜，更不是什麼高深難懂的東西。說得直白一點，只要您領會稻盛「做為人，何謂正確」這一判斷基準，並努力付諸行動，不屈不撓，持之以恆，精益求精，那麼不管您當前的處境如何，您的工作一定能順利起來，您的事業一定能成功，您的人生一定能幸福。

我相信，在您認真讀完這本書以後，您自己也會得出相同的結論。

/ 目 次 / Contents

01
稻盛和夫的足跡

稻盛和夫雖然成績平平，但在小朋友中的人氣卻很高，因為他點子多、會指揮，自然而然成了「孩子王」……

多災多難的青少年時代

1932 年 1 月 30 日，稻盛和夫出生於日本最南端鹿兒島市的藥師町（現城西鎮），在七兄妹中，他排行老二。當時，父母經營著一間小小的家庭印刷廠，家境雖不富裕，卻總是很熱鬧。

稻盛小時候愛哭，曾被叫作「三小時哭蟲」。第一天上小學是由母親陪同進教室的，當老師宣布家長們可以回去時，稻盛突然放聲大哭。結果，其他家長都離開了，只剩稻盛母親一個人站在教室後面，尷尬得無地自容。但在家裡，稻盛調皮可愛，親戚們相聚時，他常常把大家逗得哈哈大笑。

小學低年級時，叔叔常帶他去看電影。看完回家，稻盛就被弟妹們圍住，他會把電影裡的情景，按自己的理解，手舞足蹈、繪聲繪色地講述一遍。弟妹們聽得出神：「啊！真有趣，比親自去看還過癮。」這時稻盛就格外得意。

小學一年級時，他的學習成績優秀，每科都是甲等。但因為貪玩，到了二年級，降為每科都是乙等，然而他並不在意，只要與同學們玩得高興，他就心滿意足了。稻盛父母都只有小學程度，又忙於生計，從不督促他學習。

雖然學習不用功，成績平平，但在小朋友中，他的人氣卻很高，因為遇到其他班刺頭的挑釁時，他敢於反抗。他帶大家玩打仗遊戲，點子多、會指揮，玩累了，他還會帶著他的跟班們回家吃紅薯。稻盛的母親很好客，而稻盛分紅薯時總是先人後己。這樣，他自然而然就成了「孩子王」。

「孩子王」的首次挫折是升學考試失敗，當時他和班上許多同學一樣，都報考鹿兒島一中，但放榜時，平時成績不如他的人都考上了，唯獨他名落孫山，稻盛不禁黯然落淚。回到家裡，父母仍然忙碌，沒人理會他的傷心。

無論是自己曾經的小跟班，還是那些天敵般的富家子弟，都神氣十足地穿上了一中的校服，而平日裡的「孩子王」稻盛只有黯然神傷。直到幾十年後的一次同學會上，有一位考上一中的同學對稻盛說：「當時你的眼神那麼毒，你嫉妒我的樣子，我記了一輩子。」

第二年稻盛再考一中，再次落榜，自信再受打擊。而此時美軍的飛機開始轟炸鹿兒島。對稻盛來說，更不幸的是，他又患了病，發燒躺在床上渾身乏力，他心灰意冷，準備放棄升學了。但這時，小學班主任老師紮著防空頭巾來到稻盛家，說：「是男子漢就別洩氣，天無絕人之路。」老師已經代他在另一家初中報了名。就這樣，在這位老師的陪同下，稻盛第三次參加升學考試，這次總算考上了，是鹿兒島一所墊底的初中。

因為持續低熱不退，母親帶他上醫院檢查，結果是肺結核初期的「肺浸潤」，當時肺結核被認為是絕症。這時候，鄰居大嬸借給他一本書，書中關於疾病與心態的話，引起了他的思考。後來因為美軍對鹿兒島的不斷轟炸，稻盛疲於奔命，無暇顧及疾病，反而促使了疾病的痊癒。

但沒過多久，美軍的飛機把稻盛家的房屋，包括印刷機器炸成了一片廢墟。好在一家人沒在戰火中受傷，而父親因為年輕時跌落河中，一隻耳朵失聰，因此免除了兵役。

在二次大戰後的混亂中，因為政府按人頭發放新幣，父親積蓄的舊幣變成了廢紙。要養這一家人，父親不敢借債重建工廠，稻盛家陷入了極度貧困。為了生存，他們自製海鹽，私釀燒酒，在黑市兜售，母親賣光了自己的和服。

局勢稍穩定後，父親做起了戰前做過的紙袋生產，全家生活才略見起色。稻盛幫父親賣紙袋，他把鹿兒島分成七個地區，每天去一個，每週一輪迴，這一戰略奏效了，再加上「賣紙袋男孩」的熱心，稻盛大獲成功，居然把競爭對手擠出了鹿兒島。年少的稻盛一出手，就顯示了他不凡的商才。

當時，初中升高中不需要考試，為了上高中，稻盛與父親吵了一架。父親認為：「家裡這麼貧困，母親身體這麼瘦弱，還要照顧這麼多年幼的孩子，你還好意思上高中？趕快找個工作養活自己。」

稻盛說：「家裡雖然窮，但把我送進高中，難道不是你當父親的義務嗎？我一定要上高中！」父親受不了兒子頂撞，隨手給了他一個耳光，並把他趕出了屋。倔強的稻盛在屋外的臺階上坐了整整一夜，最後父親妥協了，賣了祖上傳下的僅有的三畝薄田，供稻盛上學用，稻盛承諾高中一畢業馬上工作。

但臨近稻盛高中畢業時，他哥哥極力主張讓這個家裡最聰明的弟弟上大學。中學校長也親自登門家訪，對稻盛的父親說，這孩子有潛力，一定要讓他上大學。在申請獎學金和打工賺學費的條件下，父親終於同意了稻盛繼續升學的請求。

因為小時候患過肺結核，稻盛報考了大阪大學醫學系的藥物專業。高中成績優秀的他信心十足，不料考試再次落榜，稻盛本想休學一年再考，但家裡的經濟條件根本不允許。無奈之下，稻盛報考了招生較晚的、本地的鹿兒島大學，這次順利考上了，專業是工學系的有機化學。

除了參加不要成本的「空手道」這一課外活動以及打零工，稻盛四年的大學時光都花費在用功學習上。皇天不負有心人，稻盛學習成績出色，屬於頂級水準，然而臨近畢業卻找不到工作，多次參加應聘面試，結果都是「不予錄用」。失望之餘，稻盛陷入了痛苦和沮喪。

1955 年，在朝鮮戰爭結束後不久，日本經濟狀況由高峰跌入谷底，大學生就業困難，沒有名氣的地方大學畢業生更是如此。

不過，凡是有背景、有門路的人，仍然能輕易進入大公司。父母含辛茹苦，兄弟姐妹節衣縮食，好不容易讓自己上了大學，因此稻盛熱切盼望就職賺錢，補貼家用。然而，現實冰冷無情，畢業即失業，走投無路，焦急之下，稻盛產生了加入暴力團的念頭。

稻盛當時想，難道自己幹過什麼壞事嗎？為什麼老天不長眼，讓自己這麼倒楣？既然世道如此不公，窮人沒有出路，畢業了還找不到工作，不如乾脆加入暴力團，也不失為一條出路。比起這個世態炎涼的社會，暴力團不是更講義氣嗎？自己力氣不小，練過空手道，從小當「孩子王」，懂得聚攏人心，做一個知識型的暴力團成員，或許更有出息。

稻盛後來回憶，他曾經多次在鹿兒島繁華街「小櫻組」這一暴力團事務所的門口徘徊。當時如果一腳跨進了暴力團的大門，自己就可能成為一個略有名氣的黑幫頭目，因為自己有一腔熱情，也不缺少能力。但這是反社會的，如果誤入歧途，自己的一生就毀了，說不定現在還在監獄裡待著呢。

當時的自己固然運氣不佳，但一味怨天尤人、憤世嫉俗，人生也絕不會時來運轉。雖然自己挫折不斷，什麼事情都不順利，但老天不會總是不公，23 歲以前或許多災多難，但自己絕不能洩氣，只要不斷努力，曙光一定會出現，人生必須有這樣的信念。

鹿兒島大學工學系主任竹下教授，對這位得意門生的就業非常關心，經他出面斡旋，京都松風工業株式會社的技術部部長同意接納稻盛，但有一個條件：稻盛必須從鹿兒島大學無機化學系陶瓷專業獲得畢業證書，因為松風工業是一個生產絕緣瓷瓶的企業，應聘者必須有相關的專業知識。

但是稻盛的專業是有機化學，這本不是他心儀的專業。稻盛高中畢業考大學的志願本來是醫藥學，因為稻盛小時候染上了結核病，而他的兩位叔叔、一位嬸嬸都死於肺結核。叔叔、嬸嬸因為缺乏有效藥物和必要治療而悲慘死亡的情景，在稻盛幼小的心靈中留下了不可磨滅的印象。這種印象催生了他的一個願望，就是將來能夠從事醫藥研究，親手治癒那些受病魔折磨的可憐患者。

為了實現這個樸素的願望，稻盛報考了大阪大學醫學系的藥物專業，很遺憾沒有被錄取，不得已才進了鹿兒島大學工學系。考慮到有機化學與藥物學比較接近，稻盛就選擇了有機化學專業。

但是這時的就職條件，是必須持有無機化學中的陶瓷專業的畢業證書，稻盛幾乎絕望了。但想到若是錯過這個機會，就可能面對長期失業的痛苦，稻盛被一種深刻的危機感所籠罩。好在離正式畢業還有半年時間，為了就業，為了生存，稻盛毅然決定改變專業，他找到無機化學系的島田教授，懇求島田指導，準備相關的畢業論文。

正巧當時在鹿兒島縣的入來鎮發現了一種黏土礦，於是稻盛就以「入來黏土諸種物理特性」為題，著手寫論文。由於無機化學的學習必須從頭開始，所以最後半年，稻盛全力以赴，奮起直追，放棄了全部休息日，夜以繼日地潛心研究。作為付出了半年心血的結晶，稻盛的畢業論文有深度、有分量。

在論文發表會上，受到了著名教授內野先生的讚賞。內野先生是學術界和實業界的權威，見多識廣，他認為稻盛的論文以及論文背後的思想邏輯，不亞於任何一位東京大學高才生的論文。這一評價讓稻盛受寵若驚，增強了自信。這樣，稻盛從「山窮水盡疑無路」的絕望中走出，看到了「柳暗花明又一村」，順利進入了松風工業。

然而，稻盛的厄運還沒有到頭。稻盛在全體家庭成員的殷殷送別之中，歡天喜地、意氣風發地從鹿兒島踏上赴京都之路，胸有抱負，滿懷希望，跨進了松風工業公司的大門。不料，現實又向他迎面潑來一盆冷水。

稻盛被帶到員工宿舍，出現在他眼前的是一幢陳舊不堪、似乎隨時都會倒塌的破房子。進屋一看，榻榻米破爛不堪、蓆草外翻，令人生厭。他怎麼也沒想到從學校進入社會，新的生活竟在這種破舊和冷清中開始。

宿舍是公司的縮影，松風工業從生產日用陶瓷到進軍電力陶瓷行業，有過一時的輝煌。但時過境遷，因為在高壓絕緣部品領域競爭失敗，連續 10 年虧損，當時，企業已經資不抵債，處於銀行託管之下，甚至連工資也經常拖延發放。而從銀行派來的經營者又瞎改革，勞資關係變得十分緊張，工會經常組織罷工，企業裡一年到頭「旗幟招展」。

同期到職的 5 個大學生碰到一起就發牢騷：「我們怎麼這麼倒楣，進了這個破企業，趕快想辦法跳槽。」

沒過多久，那 4 名大學生就先後辭職了。稻盛也想離開，而且考上了一個待遇不錯的自衛隊幹部學校。報到時，需要老家把戶口名簿的影本寄來，但他望眼欲穿，就是不見寄來。提交期限一過，稻盛只好放棄。

事後追問父母，才得知是哥哥不贊成，哥哥很生氣：「家裡人省吃儉用，培養了一個大學生，託竹下先生牽線，好不容易才進了公司，人家好歹給了你飯碗，你對公司做出了什麼貢獻？工作不到半年就要辭職，好意思嗎？」

這樣，同期到職的大學生只剩稻盛一人，稻盛不禁悲從中來，不知自己的厄運何時是個盡頭。但他轉念又想，究竟離開公司正確，還是留在公司正確？辭職轉行到了新的單位未必成功。有的人或許辭職後人生變得順暢了，但也有人辭職後的人生更加悲慘；有的人留在公司努力奮鬥，取得成功，人生美好，但有的人留任努力工作，人生還是很不如意。情況因人而異吧。

「要辭職離開公司，總得有一個確鑿的理由，要師出有名，只是籠統地感覺不滿就辭職，那麼今後的人生也未必就一帆風順吧。」稻盛說，「而當時，我還找不到一個必須辭職的充分理由，所以我決定先埋頭工作。這個決斷讓我迎來了人生的轉機。」

打工中轉變命運

在走投無路的情況下，稻盛決定改變自己的心態。

稻盛想，自己既然改變不了周圍的環境，那麼就改變自己的想法和行動吧。總是發牢騷、說老闆的壞話、罵社會不公平、怨家裡窮、感嘆自己命運不好，整天想這些負面的東西，除了讓自己的情緒更加消極，沒有任何意義。與其這樣，還不如將年輕人的熱情投入研究，先做好眼前的工作再說。

人是奇怪的動物，念頭一變，心情就輕鬆了，稻盛還練過空手道，精力旺盛，他全身心投入了研究。雜念排除了，就很容易發現事物的真相。他的研究有了初步的成果，他也對研究產生了更大的興趣。

主管表揚他，到實驗室來鼓勵他，他更加有幹勁，乾脆把床被、鍋碗搬進了實驗室，夜以繼日、廢寢忘食地工作。

經過一年時間的苦幹，他的研究獲得了重大的突破。

稻盛當時的研究任務，是開發電子工業用的絕緣陶瓷。傳統的電力用絕緣瓷瓶只在 50 赫茲的低頻條件下適用，而電視機要幾百萬赫茲，開發高頻絕緣材料，是當時的世界性課題。

而開發這種材料，有一個技術難點，就是材料的成型。有一種礦物質，成分是氧化鋁、氧化鎂和氧化矽，它的微粉末純度可達標，絕緣性能好，但很鬆脆，沒有黏性，即使混入一定量的黏土和水也難以成型。這個材料的純度與黏性之間的矛盾，在當時是世界性難題。

一開始，稻盛也用各種配比的各種陶土，與這種礦物粉末混合，用各種壓製方法做實驗，反覆實驗、反覆思考。每天用乳缽將材料粉碎混合，壓製成型。可能想到的一切辦法都試過了，都不理想。但是他無論如何非解決這個問題不可，不但上班時想，吃飯也想，走路也想，睡覺也想，持續不斷地想，在這種精神狀態下，不可思議的事情發生了。

有一天，夜深了，雖然不斷做實驗已經身心疲憊，但稻盛心裡還在想，有沒有不加黏土而使材料成型的方法呢？這時候，不經意之間，他的腳被實驗臺下某個東西絆了一下。

「怎麼回事，哪個傢伙把這個東西擱在這地方！」稻盛無意識地罵了一句，低頭一看，發現鞋子上沾上了一種滑膩膩的東西，把它拿起來仔細看，原來是提煉石油時得到的一塊石蠟，稻盛一下子得到了靈感。

「就是它！將它與乾巴巴的微粉末混合的話，說不定會……」

稻盛找來一塊薄鐵板，敲成一個鍋子，放入石蠟，加熱到攝氏 60 度熔化，然後加入礦物微粉末，像炒飯一樣拌勻，冷卻後放進模具壓製成型。

成型成功了，非常理想，而且在燒製時石蠟揮發了，成品中不留任何雜質，那麼令人頭痛的問題，居然用這麼簡單的方法一下子解決了，稻盛先生將此事稱為「神靈的私語」。

利用這項技術，用於電視機、收音機的高頻絕緣材料，首先被製造出來，最初批量生產的產品，是松下電器的電視機會用到的絕緣材料。

稻盛說：「使用石蠟、樹脂這類有機物幫助無機物成型，這種方法現在已是常識，但是在全世界，當初第一個發現它的卻是我。然而，當時我頭腦裡閃過的這種靈感，並非出於我個人的實力，在我偶然踩上石蠟的一剎那，是『神靈』給了我啟示。『神靈』看到我日日夜夜、嘔心瀝血、苦苦鑽研的樣子，心有不忍，可憐我，故意讓我絆跤，賜予了我最高的靈感，我想事情只能這樣解釋。」

這種材料與美國當時最負盛名的奇異公司（General Electric Company，或稱通用電氣）研究所一年前在全世界首先合成成功的材料，結構完全相同，但合成方法卻完全不同，也就是說，稻盛的方法也是世界首創，而且竟可以和奇異公司匹敵。

既無精密設備，又無理論指導，京都一家瀕臨破產的陶瓷企業，在一個簡陋的實驗室裡，一個初出茅廬的大學生，還不是學這個專業的，赤手空拳居然搞出了與世界超一流的奇異公司產品媲美的研究成果。

有人說，這好比中彩票，是偶然的幸運，稻盛自己也認為這是偶然中的偶然，這種極小機率的好運，以後再也不可能有第二次。

然而，讓人難以置信的是，這樣的靈感，和這種靈感帶來的幸運，之後竟然接二連三地出現。

出身貧困、升學失利、罹患結核、遭遇戰爭、就職無門、跳槽不成……，多災多難的青少年時代，到此終於告一段落。從發明新材料、開發新產品起，稻盛的工作和人生開始迎來轉機，進入良性迴圈。

這種良性迴圈不僅開始改變他的命運，而且讓他開始隱隱約約地意識到，有一種非常重要的、類似人生觀的東西在他心裡萌動。

孕育哲學

這個類似人生觀的東西是什麼呢？用一句話來表達，就是心態決定人生。或者說，人生就是心中描繪的狀態在現實中的寫照。這個結論，主要來源於稻盛自己親身經歷的兩件事情：一件是反面的教訓，一件是正面的經驗。

稻盛在 12 歲時染上了肺結核，在當時，肺結核是不治之症。他還目睹了叔叔、嬸嬸因患結核病在家中死去的情景。染上結核病，低燒不退，躺在床上，稻盛心中充滿了不安和恐懼。這時鄰居大嬸借給他一本帶有宗教哲理性質的書，一個 12 歲的孩子本來不會去讀這種書，但在面臨死神威脅的特殊時刻，稻盛猶如抓住了救命稻草一般，貪婪地閱讀，認真對照思考。

書中有這樣一句話：**「我們心底有吸引災難的磁石，它會從外界吸引疾病、失業、刀槍等。」**

當時還是孩子的稻盛讀到這話，感到非常困惑，他想「我的內心並沒有呼喚結核病的到來」。但是稻盛看到，自己的父親作為長兄，對患病的弟弟、弟媳精心護理，父親滿懷著大愛，不顧自己的安危，盡心盡力照料病人到最終，雖然他一直與患者近距離接觸，卻始終沒有受到感染。

另外，稻盛的哥哥對結核病毫不介意，結果也安然無恙，其他弟弟、妹妹也沒受影響。而自己呢？自己對結核病懷著深深的恐懼，忐忑不安，一味厭惡，刻意躲避，以至於在路過叔叔房門口時，捏緊鼻子飛奔而過。

在與父親和家人的對比中，在書籍的啟示下，稻盛的認識產生了飛躍。他說：「正是自己這種只考慮個人安危的、虛弱的、卑怯的心靈，招致了結核病菌的侵蝕。」[2]

這是何等深刻、何等猛烈的反省啊！而這樣的反省，居然發生在稻盛這樣一個年僅 12 歲的孩子身上。

另一件事情就是上述的，稻盛大學畢業之後遇到的就

註 2：稻盛認為「相由心生，境隨心轉」，即人生中的一切事物都由我們的內心所塑造，內心的想法可以影響和改變我們周圍的環境。傳染病必須預防，但人的心態很重要。

職困難。經人介紹好不容易入職的松風工業公司，在第二次世界大戰後持續虧本，主管內訌，工人罷工，工資拖延發放。在這種情況下，稻盛發牢騷、說怪話，差不多半年都一事無成。

既然繼續發牢騷也無濟於事，稻盛一改怨天尤人的情緒，全心投入主管分配給他的研究工作中。

因為排除了雜念，心純見真，他的研究就有了成果。一有成果，他就產生興趣，於是更加努力，於是成果更大……。稻盛的人生從此進入了良性迴圈，不久他就有了重大的發明，接著，把發明成果商品化的努力也獲得了成功。

從一事無成到不斷成功，從山窮水盡到柳暗花明，這種急劇的、不可思議的變化，究竟是怎麼產生的呢？稻盛還是原來的稻盛，他的智商沒有也不可能提升，他的能力也說不上有多大的提高。另外，那個企業還是一個虧損的企業，工人照樣罷工，工資依然遲發，工作環境也沒有絲毫變化，唯一改變的，僅僅是稻盛自己的心態。

心態一變，行動隨之改變，結果人生就發生了戲劇性的變化，稻盛的前景一片光明。反面的教訓和正面的經驗，得出了相同的結論：心態決定人生。

當時，指導松風工業產品出口的一位大人物——三井物產的吉田先生，看到該企業別的部門死氣沉沉，唯有稻盛負責的特磁科熱火朝天，讓他覺得很奇怪。他在東京大學的同窗好友，鹿兒島大學著名教授內野先生，經常在吉田面前誇獎稻盛。

一次，吉田先生來松風工業指導工作時，約見了稻盛，在靜靜地聽取了稻盛對於公司的種種意見以及背後的思想後，吉田先生大為感動，他大聲說道：「才二十幾歲，年輕人，真不簡單，你已經有了自己的 Philosophy。」

稻盛當時不知道「Philosophy」是什麼意思，回到宿舍一翻辭典，原來「Philosophy」就是「哲學、信念」。那個瞬間，稻盛心中不由自主地一陣悸動，哲學後來成了稻盛人生的一個關鍵字。

辭職創業

內野先生和吉田先生都是伯樂，初次相逢就看出了稻盛這匹千里馬的價值。可惜世間伯樂並不多，稻盛雖然被提拔為特磁科科長，並提出了企業從電力陶瓷向電子陶瓷轉型的戰略，但卻無法獲得上司的認同。

為了不中斷對客戶松下電器的供貨，稻盛領導特磁科拒絕罷工，並個別訓斥了經常曠職的員工，因而受到工會少數激進分子的圍攻。

另外，一些畢業於名牌大學的資深技術幹部認為，企業能維持到現在，都是他們的功勞，稻盛只不過是一個地方大學的畢業生，僅僅 4 年在電子陶瓷領域就做出了成果，說明這項工作並不困難。他們要求由自己來領導研究和開發，稻盛只要做新產品的試製，做好配角就行了。

他們低估了稻盛的能力和功勞，還想剝奪他從事開發工作的權利。只在形式上破格提拔稻盛為第二陶瓷科科長，算是一種平衡，這讓稻盛怒不可遏，這些人在常規的電力陶瓷領域一敗塗地，又把發明創造看得那麼簡單。

如果向他們讓步，不僅公司發展受阻，自己和自己的部下也未免太可憐了，於是稻盛提交了辭呈。經公司主管再三挽留，特別是一位與稻盛要好的車間主任苦苦勸說，稻盛才暫時留了下來。

當時，美國與日本之間有一個建立微波通信網路的計畫，與美國奇異公司合作的日本日立製作所，將計畫中的陶瓷真空管的試製任務，交給了松風工業的稻盛和夫。稻盛滿懷信心地投入研究開發，但日立提出的標準很高，好不容易做出的樣品，對方總不認可，然而稻盛越挫越勇，越是失敗就越燃起他的鬥志。

但是新來的技術部部長見新產品開發遲遲未能成功，就對稻盛說：「對不起，你的能力已經到了極限，不必再勉強了，你就放手讓別人來幹吧！公司裡可有許多比你更優秀的、名牌大學畢業的技術人員呢。」

這話如當頭一棒，給了稻盛猛烈的刺激，這明顯是對出身地方大學的自己的蔑視，是對自己的工作乃至人格的否定。稻盛沉默片刻，控制住自己的情緒，說：「那好，你就請他們幹吧，我辭職，現在就辭。」

在一個工作條件惡劣、面臨破產的公司裡，稻盛懷著夢想，不計報酬，廢寢忘食、夜以繼日地拚命工作，公司居然視若無睹，也沒人願意去理解這位年輕人的心情。在既不值得信任也不值得尊敬的人手下工作，實在是難以忍受。

聽說稻盛要走，社長趕緊來挽留，在一家著名的餐館請稻盛吃飯：「不要辭職了，部長不是那個意思。」

稻盛的答覆很乾脆：「對不起，我已經不想在這裡做了。大丈夫一言既出，駟馬難追。」最後，為了便於交接，稻盛答應做到年底再走。

辭職後有一條出路，就是去巴基斯坦。一年前，有一位巴基斯坦大型瓷瓶企業老闆的兒子在松風工業實習，他請稻盛為他們的工廠設計並製造了一臺高效的隧道式電爐。他對稻盛的能力和人品佩服得五體投地，他提出可以用 10 倍高薪聘請稻盛去他的工廠當廠長。

這個薪資以及透過巴基斯坦去美國學習的可能性，讓稻盛怦然心動。但在徵求恩師內野先生的意見時，內野堅決反對：「那怎麼行！不能去巴基斯坦賣技術。技術進步日新月異，你去巴基斯坦工作幾年，再回國時你的技術就會落後，到時後悔莫及。」恩師的忠告，讓稻盛打消了去巴基斯坦的念頭。

這時，一位從銀行派到松風工業擔任常務董事的人，聽說稻盛已經遞交辭呈，就找稻盛說：「你就自己辦一家特殊陶瓷公司吧，我來幫你找出資人。」他看好稻盛，更看好特殊陶瓷的發展前景，他又是銀行的人，認識許多老闆，他的主動提議，讓稻盛喜出望外。

聽說稻盛要辭職，特磁科的同事伊藤、浜本等人，晚上都聚到稻盛宿舍，異口同聲：「我也不幹了，我跟稻盛君走。」「我早就想辭職了，就是因為稻盛在這裡，我才沒有走。」

稻盛把幾個可靠的下屬約到小酒館，說明了準備成立公司的計畫。「哪怕計畫失敗，我們就是打零工，也會支持你把研究工作進行下去。」肝膽相照的同事說出這樣的肺腑之言，讓稻盛既開心又感動。

創立新公司一事就這樣決定了。在稻盛只有 6 個榻榻米的宿舍裡，7 位從松風工業辭職的同志聚在一起，年齡最大的稻盛 26 歲，年齡最小的伊藤只有 21 歲，都是血氣方剛的青年，簡陋的房間裡氣氛火熱。

雖然決定創立公司，但公司前景如何，誰也說不準。為了把大家的決心凝聚起來，稻盛提議大家以血印明志，眾人一齊附和。於是寫下如下誓言：「我們能力有限，但我們決心團結一致，拚命奮鬥，為社會和世人做貢獻。在此我們按血印明志。」

稻盛帶頭割破自己的小指頭，在宣誓書上按下血印，並告誡大家切口不要太深，以免恢復期太長，影響工作。

事情發展到這一步，稻盛躊躇滿志，準備大幹一場。然而，創立公司的進展卻突然被叫停，因為資金和投資人沒有落實。前面提到的那位從銀行來的常務董事，他提議稻盛辦公司並主動尋找出資人的事情，由於進展不如預期中來得順利，不久就告吹了。

1958 年，日本經濟仍然不景氣，這位常務董事熟悉的都是京都做和服的老闆，他們對特殊陶瓷一無所知。同時，要拿出幾百萬日元投資給一個素不相識的年輕人，他們不願承擔這個風險。另外，在深入交談後，稻盛發現這位常務董事有透過介紹投資獲利的動機，於是稻盛主動斷絕了與他的關係。

出資人找尋不力，事情一下子就回到了原點，公司無法成立，一切便無從談起，連血印也白按了。在這個緊要關頭，松風工業的前技術部部長青山政次挺身而出。

其實，在松風工業，最瞭解稻盛的人就是前技術部部長青山。青山是稻盛進公司時的面試人，青山早就看出稻盛是一個超級「自燃型」的人，只要給他一個舞臺，他就能演出一場大戲。青山認定，稻盛是一個天生的領導者，「在稻盛上面不可以配人」。

當時青山因為與新社長意見不合，在辦公室裡無所事事，這時，公司派他代替稻盛去巴基斯坦，安裝稻盛設計的隧道式電爐。巴基斯坦方面，仍然執著地想透過青山說服稻盛赴巴工作，青山回國後，知道稻盛準備創業，也不好再提去巴基斯坦的事。此時稻盛禮貌性地問了一句：「我們正在籌辦公司，您願意參與嗎？」

不料，這一問竟然意外地問出了一個新天地。據青山後來回憶，稻盛準備創立公司，青山並非新公司不可或缺的人物，稻盛不過是禮貌性地問了一句而已。如果當時稻盛不問，青山自己也不會主動要求參與，可因為這一問，才有了後續的大文章。

青山不僅眼光精準，而且他認為自己一定可以找到可靠的投資人。青山找的是他在京都大學工學部的同窗、時任宮木電機公司專務董事的西枝一江和常務董事交川有兩位先生。一開始，交川先生抱有疑惑：「不論稻盛這個青年多麼優秀，一個二十六、七歲的毛頭小夥子能成何事？青山，你是不是太輕率了？」

西枝也有疑慮，他說：「即使辦一家買進賣出的商業型企業，也不是件容易的事，何況是要使用複雜技術的生產型企業，而且是以研發為中心的技術型企業，難度太大了。青山你說得簡單，但成功的可能性微乎其微。」

但青山韌勁十足，不屈不撓，一遍又一遍的遊說，講著新型陶瓷如何前景廣闊、稻盛這個小毛頭如何與眾不同。青山帶著稻盛拜訪西枝和交川，並請他倆參觀了向松下供貨的特磁科生產現場。禁不住青山的熱忱和堅持，西枝和交川決定向宮木社長匯報。宮木社長德高望重，且他自己就是一個技術型企業的創業者，對這件事比較理解。

最後宮木社長等人決定出資成立京都陶瓷株式會社，資本金 300 萬日元，其中現金出資 200 萬日元，技術出資 100 萬日元。

現金出資的 200 萬日元中：

宮木男也 60 萬日元

西枝一江 40 萬日元

交川有 30 萬日元

其餘 70 萬日元，由宮木電機等另外 5 位董事出資。

技術出資的 100 萬日元中：

青山政次 35 萬日元

稻盛和夫 30 萬日元

其餘 35 萬日元，由伊藤謙介等 7 名幹部持有，每人 5 萬日元。

稻盛和夫獲 1/10 股權。公司由宮木兼任社長，青山任專務董事，稻盛任董事兼技術部部長，實際經營則全權委託稻盛，公司暫借宮木電機空置的倉庫作廠房。

稻盛感歎說：「宮木、西枝、交川，這些『明治漢子』身上的豪氣讓我欽佩不已，感激不盡，他們給了我一個機會，讓我的技術得以問世。」

公司成立後，稻盛有了用武之地，但在我看來，正是因為稻盛這位年少的「昭和漢子」英氣逼人，才吸引了他們的慷慨解囊。

西枝先生作為新公司的出資人之一，還以自家房屋作抵押，從銀行貸款 1000 萬日元，幫助解決新公司流動資金不足的問題。

西枝徵求夫人意見時說：「有個叫稻盛的年輕技術員想辦公司，見面後，我發現這個年輕人很了不起，非同尋常。我很想在資金方面助他一臂之力，但現在我們沒錢，我想用家裡的房子擔保向銀行貸款。但萬一這個公司倒閉，我們的房子會被銀行收走。」

他夫人說：「一個中年男子居然被一個青年男子迷住，太少見、太難得了。既然你為他傾倒，那即使失敗也是遂願啊！」

1958 年 12 月 13 日，稻盛正式從松風工業辭職，第二天就與在松風工業時的下屬須永朝子女士結婚。婚禮在京都市政廳的一個房間裡舉行，除了雙方親戚外，只有幾位在松風時的同事出席，婚宴簡樸，只提供了咖啡和蛋糕。把與家庭生活有關的事情託付給妻子後，稻盛全身心投入新公司的籌建，以及日後的經營中。

1959 年 4 月 1 日，在京都市中京區西京原町，宮木電機公司的一幢木造兩層小樓內，京都陶瓷公司宣告成立，員工 28 名。

京瓷公司

在公司宣告成立當晚的懇親宴會上，稻盛向員工們暢談願景：「讓我們拚命幹吧！雖然我們現在只是一個小微企業，甚至還要租借宮木電機的倉庫開業，但我們要創造一個卓越的公司，首先要成為西京原町第一的企業。成為西京原町第一以後，就要瞄準中京區第一；成為中京區第一以後，目標是京都第一；實現了京都第一，再就是日本第一；成為日本第一後，當然就要成為世界第一。」

連稻盛自己也覺得這好比痴人說夢一樣，但描繪宏偉的藍圖，稻盛並不是毫無底氣。

首先，精密陶瓷蘊藏著巨大的可能性；另外，稻盛從小就是「孩子王」，懂得聚攏人心；賣紙袋的成功，顯示出他的商業天賦；大學畢業論文受到著名教授的讚賞，證明其研究能力；開發新材料鎂橄欖石，順利開發新產品，並在商品化量產上一舉成功，證明其技術實力；松風工業整體冷冷清清，但他領導的特磁科則熱火朝天、如火如荼，甚至在罷工風潮中，特磁科也嵬然不動，堅持生產，顯示出稻盛在企業的危難關頭凝聚團隊的能力。

特別是他才二十幾歲，就具備了自己的哲學理念，也就是具備了指引他不斷前行的明燈，這簡直獨具一格。還有值得尊敬的恩人、恩師的無私援助，創業夥伴的赤膽忠心，員工們不知疲倦的努力……。稻盛說：「每晚加班到深夜，廠門口總有叫賣麵條的小販應時而來，我和員工們總是邊吃夜宵，邊說未來的夢想，那情景至今歷歷在目。」

京瓷創業之初，日本陶瓷行業就已經有兩家巨頭，規模是京瓷的千倍以上。比如日本特殊陶業公司，生產汽車發動機點火裝置，當時已成世界性的企業，而且日本大型電器電機廠家，只從自己的關聯子公司採購陶瓷零件，在這種情況下，京瓷要生存發展，只有創新這一條路。參觀京瓷的產品館我們可以看到，京瓷數不勝數的產品幾乎全部是創新的，其中不少還是劃時代的新產品。

例如積體電路的陶瓷封裝，就是將多層、最高 20 層晶片疊加在一起，燒結成產品，技術難度極高。稻盛帶領 8 位技術人員，在廠吃睡 3 個月，不分晝夜，絞盡腦汁，人人靈感如泉湧。當製作成功的樣品拿到美國客戶面前時，他們眼前一亮。

不久，矽谷的商家蜂擁而至。

為了滿足客戶的急需，京瓷在鹿兒島的川內市快速建設了專門工廠。據說，沒有京瓷的川內工廠，就沒有美國矽谷的繁榮。京瓷的半導體封裝席捲美國，趁著這個勢頭，京瓷的股價異軍突起，超越索尼，榮登日本第一。

當時美國國防部憂心忡忡，因為包括戰斧巡弋飛彈在內，美國尖端武器中都需要京瓷的半導體封裝，如果美日關係生變，美國的國防安全就有隱患。另外，美國客戶也提心吊膽，因為需要京瓷的封裝，所以他們設計的積體電路的祕密，京瓷全都知曉。

但稻盛宣布，京瓷只為客戶提供相應的封裝產品，絕不與客戶競爭。當時美國奇異公司的傑克．威爾許也看出了精密陶瓷行業前途無量，於是投入重金購買設備、引進人才，準備與京瓷一決勝負，結果慘敗，威爾許訪問日本見到稻盛時，曾當面認輸。

1979 年，當時 85 歲的松下幸之助與 47 歲的稻盛和夫有過一次對談，一開頭，松下就誇獎稻盛說：「您的行動總是領先一步，您總是開拓前進，而一般的企業只是與時俱進，甚至落後一步。貴公司是自動開展事業，而我們的經營流於平凡，這就是我們之間的差別。」

京瓷公司創新當頭，用百米賽的速度跑馬拉松，發展迅猛，創業第十二年就成功上市，在陶瓷領域很快名列世界第一，企業銷售利潤率最高時逼近 40%，這在製造業是罕見的。

在發展過程中，京瓷吸收合併的電腦廠、通信機器廠、影印機廠、光學材料廠、有機化工材料廠，乃至大型電容器 AVX 公司，都在短短一、兩年內扭虧為盈，並成長為高收益企業，無一例外。作為零組件企業，京瓷還曾擠進世界 500 強，這也是聞所未聞的。

更為可貴的是，自 1959 年創立起到 2022 年的 63 年間，哪怕在歷次經濟危機中，京瓷也從未解雇過一名員工。更讓人驚奇的是，在長達 63 年的經營中，京瓷從未出現過一次赤字，直到 2023 年，雖然利潤率有所下降，但企業利潤還是創了歷史新高。

稻盛說：「很多人評論京瓷之所以成功，是因為京瓷具備先進的技術，是因為京瓷趕上了潮流，但我認為絕非如此。我認為京瓷之所以成功，是因為京瓷擁有正確的經營哲學，全體幹部、員工都理解和接受這種哲學，把這種哲學變成自己的東西，在此基礎之上，大家團結一致，共同付出『不亞於任何人的努力』。獲得成功後，不失謙虛之心，繼續努力，不斷獲取更大的成功。我認為京瓷成功的原因就在這裡，除此之外，沒有別的原因。」

盛和塾

稻盛在 1959 年創建京瓷，京瓷公司 1971 年上市，1975 年公司股價為 3810 日元，雄踞日本第一。

京瓷的規模不算很大，但利潤率高，增長勢頭強勁。而接受媒體採訪時，稻盛別具一格，與眾不同，他從不對所謂的戰略戰術誇誇其談，他強調提高心性，拓展經營，這在全世界的經營者中屈指可數。

當時，京都有一個名為「青年經營塾」的學習型組織。因為稻盛和夫是企業界一顆冉冉升起的明星，所以該經營塾想邀請稻盛做一次演講，但稻盛當時全力埋首於京瓷的經營，無暇參與企業界的活動。

儘管他與當時的京都商工會議所會長、著名女性內衣品牌華歌爾的創始人塚本幸一私交很深，但連塚本先生也認為自己請不動稻盛。但青年經營塾的幹事建野先生不屈不撓，他千方百計，找到了在京瓷祕書室工作的稻盛的妻弟傳遞資訊，終於獲得許可，去京瓷與稻盛會面。

剛見面，稻盛開門見山，一開口就說：「有什麼要緊事，請講！」建野介紹了青年經營塾的宗旨，向稻盛提出了講課的邀請。

建野採用激將法，他說：「請您來講課，您也可以趁機了解我們這些青年企業家的想法，這對稻盛社長您來說，不也是一種學習嗎？」

稻盛聽罷大怒：「你們那一套，為何值得我學習？來邀請我，卻說我要向你們學習，真是一個不懂禮貌的傢伙！」

京都有眾多的百年企業，許多中小企業家也有自己的那份自負，包括建野在內，無意中會流露出小小的傲慢。不過，建野邀請稻盛是真心誠意的，他很有韌性，軟磨硬泡，終於說動了稻盛。

青年經營塾精心挑選了 25 位熱衷於學習的經營者，來聽稻盛的首次演講。稻盛的講話震撼了大家的靈魂，反響異常熱烈。這麼精彩的演講，這麼少的人聽，實在太可惜了。

在稻盛的認可之下，聽者決定成立「京都盛友塾」。經口耳相傳，盛友塾很快向周邊發展，特別是大阪府的矢崎勝彥、稻田二千武兩位加入以後，現場氣氛更加活躍。這兩人的企業都有一定規模，他倆的點子又多，呼應稻盛，如魚得水。

講課者意氣風發，聽課者全神貫注。關於稻盛的非凡魅力，稻田二千武先生曾經對我這樣描述：「第一次見到稻盛，做了自我介紹，他對我的經營做了指點，然後聽他的演講，那是我有生以來從未體驗過的震撼和激動，我就像著了迷一樣。這是很難用語言來表達、很難用道理來說清的一種感覺。」

1988 年 11 月，矢崎提出建議，盛友塾改名為盛和塾，取事業隆盛的「盛」，人德和合的「和」兩個字，而「盛和」兩字又與「稻盛和夫」這個名字的中間兩個字一致。因為這個統一的名稱有利於向全國擴展，所以獲得了大家一致的贊同。

在盛和塾正式成立時，稻盛提出一要造勢，二要賦予大義，三要明確目標，四要透澈思考。

一要造勢，就是燃起熱情，由稻盛和塾生企業家共同造勢。

二要賦予大義。稻盛認為，能夠引領日本社會前進的，主要就是創造財富的企業經營者。經營者掌握利他的經營哲學，提高心性，拓展經營，對於日本、對於世界，都具有重大意義。盛和塾的宗旨規定：透過學習、實踐稻盛和夫塾長的人生哲學、經營哲學和企業家精神之真髓，透過塾生間的互相切磋、互相交流，追求事業之隆盛與人德之和合，努力成為下一代經濟界的肩負者，成為國際社會認同的模範企業家。

三要明確目標。20 年，100 個分塾，5000 名塾生。這個目標後來基本上達成了，不過，在制定目標的階段，他們沒有想到中國的盛和塾居然能後來居上。

四要透徹思考。在盛和塾這件事情上，稻盛除了自己思考，還成立了理事會和事務局，借用塾生企業家的智慧。塾長例會（每月一次）、全國大會、世界大會、經營問答等活動，順勢展開。稻盛在盛和塾有近 300 次演講，極大地豐富了稻盛哲學的內容。

在 2006 年 6 月出版的拙作《稻盛和夫的成功方程式》一書的引言中，我寫道：

> 現在盛和塾在日本和海外共有分塾 70 個，塾生 7000 多人，其中有不少優等生，有 100 多位塾生的企業股票已先後上市。
>
> 不僅日本國內每次「盛和塾塾長例會」有數百名甚至上千名塾生參加，而且當稻盛先生到美國、巴西、中國參加有關活動時，也常有數百名塾生企業家像追星一樣，跟隨左右。
>
> 這麼多的企業家，這麼長的時間內，追隨稻盛和夫這個人，把他作為自己經營和人生的楷模，這一現象，古今中外罕見，我稱之為「**盛和塾現象**」。

盛和塾後來發展到 15000 多人，除日本之外，還發展到巴西、美國、中國等地，現在中國盛和塾人數已經超過 20000 人。

京都獎

俗話說「無利不商」，但商人經商獲利，和公務員上班領工資、教師上課拿報酬一樣，無可非議，沒有高低貴賤之分。不過「君子愛財」必須「取之有道」，君子之財不但應該「取之有道」，而且應該「用之有道」。

因為稻盛在精密陶瓷領域，有許多劃時代的發明創造，1981 年稻盛獲得了「伴紀念獎」，這是東京理科大學的教授伴五紀先生以自己的專利收入設立的一個獎項。稻盛喜滋滋地前去領獎，但領獎時卻感到滿心羞愧，他意識到，與伴教授相比，自己不應是獎項的領受者，更應是授予者。

在多位有識之士的支持和協助下，1984 年稻盛先生 52 歲時，決定用他的個人財產設立「京都獎」，每年一次，表彰全世界在尖端技術、基礎科學和思想藝術這 3 個領域有傑出貢獻的專家各一人。

每年 11 月 10 日，在紅葉燦爛的時刻，在京都國際會館召開隆重的頒獎儀式，除頒發鑲嵌紅、綠寶石的金質獎章外，每人還可獲 5000 萬日元獎金（當時約折合 50 萬美元）。這個獎金金額和當時的諾貝爾獎一樣。

後來諾貝爾獎的獎金金額提高了，為了尊重諾貝爾獎的歷史地位，京都獎沒有立即隨之提升獎金金額。京都獎這個獎項已持續了 38 年，現在獎金提高到 1 億日元。

京都獎的入選者，不但要有優異的業績，而且要有高尚的人格。選拔需經歷多個嚴格的審查環節，迄今為止的 100 多位獲獎者，從來沒有引發過爭議，這是罕見且非常難得的。有的人在榮獲京都獎之後不久，又獲得了諾貝爾獎，因此京都獎又被稱為「亞洲的諾貝爾獎」。

稻盛希望透過京都獎，幫助許多默默奉獻的研究者，同時，使人類的科學文明和精神文明趨向平衡，期望人類社會能夠建立起新的、更加美好的哲學規範。

2003 年，稻盛先生又用個人財產建立了「稻盛福祉會」和「稻盛福祉財團」，為出身貧困、遭遇不幸的兒童提供幫助，稻盛先生所做的各種社會公益活動還有許多。

稻盛先生說，京瓷公司是在社會各方的支援下發展起來的：「我一直認為我的財產是社會委託我保管的，所以總想讓我的財產回報社會，為民眾而用。」

稻盛先生是一個修行的人，個人生活極為簡樸，出差時常常吃普通的牛肉蓋飯（牛丼）。步入老年後，每月和兒孫們聚會一次，也只是去普通的飯館，吃普通的飯菜。他認為生活上追求奢侈的心理非常可怕，個人財產絕不用於私利私欲，絕大部分還給社會，這是他的既定方針，也是「稻盛哲學」的具體表現。

我曾多次應邀出席京都獎頒獎儀式和祝賀晚宴。2007年首次與會後，我寫的《京都獎有感》一文被刊登在《京瓷報》上，我這樣描述現場的氛圍，抒發我的感想：

> 京都市交響樂團的演奏高雅而雄壯。具有33年歷史的聖母學院小學的孩子們，合唱聲音嘹亮，他們盛裝華服，傳遞日本傳統文化的節目《能・羽衣》華麗而精緻。會場的布置、會議的程序、獲獎者的感言、現場的氣氛、各種細節安排，隆重而且完美，這些都和「京都獎」的高尚理念對應且融合。

日本皇室代表、「京都獎」名譽總裁出席了頒獎儀式和晚宴，德國總統、日本首相發了賀電，日本各界社會名流以及經濟界人士共 1200 人出席了會議。

稻盛先生用經過千辛萬苦獲得的個人財產，設立稻盛財團，發放巨額獎金，這展現了稻盛先生利人利世的美好願望，表達了稻盛先生為解決人類科學文明的高速發展與人類精神文明相對滯後之間的矛盾，助一臂之力的崇高理念。23 年來，「京都獎」的影響在逐漸擴大。

然而，「京都獎」在中國卻很少有人知道。雖然做好事不張揚是東方人的美德，但知名度不高是一個值得正視的問題。科技進步、經濟發展與人類精神道德的衰退或停滯，是當今世界的一個尖銳而深刻的矛盾，「京都獎」的理念、稻盛哲學就是解決這一矛盾最有力的武器，但因為知道的人太少，這個武器遠遠沒有發揮它應有的威力。

我們應設法更有效地宣傳「京都獎」及其理念，宣傳稻盛的利他哲學。稻盛哲學超越了稻盛先生個人，超越了京瓷公司，超越了京都這個城市，乃至日本這個國家，稻盛哲學應該成為全人類共同的精神財富。

我認為，如果稻盛的利他哲學能在中國乃至全世界順利傳播，並為世人所接受，成為人類的主流價值觀，那麼人類就能更快地提升自身的素質，人和人、人和自然的關係將更加和諧協調，這個世界將變得更加美好，稻盛先生對於世界的貢獻，將永遠留在人類的青史上。

第二電電

日本在明治維新以來的 100 多年中，電信市場一直由日本的國營企業電信電話公社（電電公社）一家獨占，因為缺乏競爭，通信費用昂貴，竟是美國的 9 至 10 倍。在企業界的催逼之下，日本政府決定打破壟斷，實行改革，讓電電公社民營化，正式改名為日本電信電話公司（NTT），並準備將其拆分，同時允許別的民營企業參與通信事業。

然而，日本的大企業全都按兵不動，畢竟 NTT 是日本第一大企業，通信線路鋪設到全國各個角落，作為通信領域的外行，與實力強大的 NTT 對抗，風險實在太大了。

見到這種局面，稻盛大失所望，他心想：「既然大企業畏首畏尾，那麼就讓我來試試吧！」在這個關鍵時刻，自己理應挺身而出，為降低國民的通信費用而努力。

京瓷當時的年銷售額只有 2200 億日元，員工不過

11000 人，要向銷售額超過 45000 億日元、員工將近 33 萬名的巨人 NTT 發起正面挑戰，未免也太勢單力薄。

但資訊化時代正在逼近，日本的通信行業已經落伍於世界潮流。稻盛從兩個方面做參與的準備，一方面，召集相關專家討論對策；另一方面，把重點放在追問自己參與通信事業的動機上。因為他深知，參與這種國家規模的事業，如果主管者有私心，事業必定失敗。

「我投身通信事業，真的是為了民眾的利益嗎？我的動機純粹嗎？真的沒有一點兒私心嗎？不是為了自己賺錢嗎？不是想出風頭吧？是為了留名青史嗎？」

整整半年，稻盛每晚都逼問自己。最後，「敢向天地神明宣誓，沒有一絲雜念。」稻盛確認自己「動機至善，私心了無」之後，這才設立「第二電電」，正式宣布參與通信事業。這不是唐吉訶德挑戰風車——不自量力嗎？輿論一片譏諷之聲。

看到京瓷這樣的「小不點」也敢出面挑戰，日本的國鐵集團，以及豐田汽車及其背後的道路公團，也宣布加入競爭。這兩家公司分別利用鐵路沿線和高速公路沿線鋪設光纜，很快形成通信網路。而以京瓷為中心的第二電電，卻沒有任何基礎設施。不提 NTT，就是與這兩家新公司相比，第二電電也處於絕對的劣勢。

然而置之死地而後生，第二電電的員工們憋著一口氣，為開闢微波通信網路，在高山山頂建鐵塔，架設大型拋物面天線，不顧酷暑和嚴寒，用與競爭對手沿鐵路和公路鋪設光纜的簡單作業相同的速度，完成了基礎設施的建設。

業務開張一年後，在 3 家新電信公司中，第二電電一枝獨秀，業績遙遙領先，後來又合併了以豐田為首的高速通信公司等兩家企業，組成 KDDI 集團。KDDI 高歌猛進，不久就進入了世界 500 強的行列。

稻盛在參與通信事業以及後來的手機事業時，內外皆是一片反對之聲，但是稻盛力排眾議，因為他心純見真，他對日本通信乃至手機事業前景的預測，與若干年後發生的事實相對照，幾乎分毫不差，驚得第二電電的有關部長目瞪口呆：「這簡直是神靈附身！」

稻盛說，與創立京瓷相比，創立並運行第二電電其實非常輕鬆，因為這時候他的哲學已經爐火純青。稻盛說：「在通信領域，我沒有知識、沒有技術、沒有經驗，一無所有。如果我在這個領域內揮動令旗，取得成功，就能證明稻盛哲學的威力。僅僅依靠稻盛哲學，真的能夠成就這麼巨大的事業嗎？設立第二電電，以自己的後半生進行挑戰，就是為了證明這一點，證明稻盛哲學這個唯一武器的力量。」

在這之前，在京瓷內部的懇親酒會上，有的幹部當面對稻盛說：「稻盛社長，您開口哲學、閉口哲學，現在京瓷業績驕人，難道不是依靠我們的技術，成功開發了新產品、開拓了新市場的結果嗎？您的哲學究竟有什麼用呢？」

稻盛回答說：「無論我怎麼強調我的哲學的重要性，你們都不相信，那麼好吧，我要挑戰通信事業，在這個領域，我沒有技術，沒有任何資源，有的僅僅是我的哲學。如果挑戰失敗，那就證明我的哲學確實沒用。如果挑戰成功，你就得重新思考哲學的力量，請你拭目以待吧！」

結果，第二電電很快取得了卓越的成功。在第二電電上市前，稻盛力勸幹部員工持股，上市後他們都收穫豐厚。但作為創業會長，後來還兼任社長的稻盛，卻一股未持，稻盛徹底兌現了他「動機至善、私心了無」的承諾。

佛門修行

「您為什麼在 65 歲時突然投入佛門[3]？」

當中國中央電視臺《對話》節目主持人提出這個問題時，稻盛笑著說：「我可不是因為失戀。」當然稻盛也不是因為事業或人生遭受了挫折，或者煩惱纏身，想要解脫，或者因為做過什麼壞事，需要懺悔或贖罪。

那麼為什麼晚年要進佛門修行？為什麼選擇禪宗？稻盛是這麼解釋的：自己本來打算 60 歲時就退出經營一線，但因為第二電電剛剛設立，責任重大，實在脫不了身，這才延遲到 65 歲。

他看到許多大企業的創業者，還有某些大銀行的業務經理，執著於自己的地位，到了 70 歲、80 歲甚至 90 歲，還

註 3：稻盛認為，佛教是他的一種精神寄託，也是他的哲學理念的最後歸宿。

要掛個顧問之類的頭銜，在企業裡占著辦公室、擁有專車。他們依仗過去的功勞，又自以為經驗豐富，頭腦仍清晰，可以發揮餘熱，因而不願退出企業經營。

有的企業裡，「顧問」有好幾代，弄得現任的會長、社長很為難。稻盛對這種老而不退的傾向深惡痛絕，斥之為老醜老害。自己等時間一到，立即退休，絕不戀棧。稻盛甚至在當京瓷會長時，就把有關工作都委託給了後繼的社長，對現實的經營不再插手。同時，這麼做也是為了培養接班人，讓後繼者在經營的風浪中摸爬滾打，承擔責任，得到錘煉。

退休以後幹什麼呢？進佛門修行是稻盛的一個夙願。稻盛說，自己因為父母信仰佛教，從小耳濡目染，對佛教沒有抵觸情緒。而 12 歲時感染肺結核，佛教思想又給了他深刻的影響。

稻盛對人生目的的定義是淨化靈魂，淨化被污染過的靈魂。他認為，經歷人生的風浪，順利和挫折，成功和失敗，都是磨煉靈魂。而退休後，他希望透過佛門修行，進一步淨化自己的靈魂。

那麼，既然父母信仰淨土宗，相信念佛就能去極樂世界，為什麼稻盛卻選擇禪宗呢？

原因之一是，京都圓福寺長老西片擔雪修習的是禪宗（臨濟宗），他和稻盛是好友，二人非常投緣。原因之二是，稻盛認為，不僅是佛教，所有宗教都有兩個側面。一個是信仰的側面，就是信仰神佛，忠實侍奉神佛，以求救贖；另一個是修心的側面，就是說自己的幸福或不幸，不是神佛授予的，而是由自己心靈的狀態決定的。而禪宗對心靈的探究最為深入，稻盛一向認為，人生的目的在於淨化心靈，所以他想學習和研究禪宗。

據說釋迦牟尼開悟的過程無以名狀，它的精義用文字無法表達，所以禪宗不立文字，全憑自己在身體力行的過程中心領神會，稻盛就想獲得這種切身的體驗。

稻盛在圓福寺落髮為僧，承諾接受十條戒律。他凌晨三點起床，晚上九點就寢，吃簡單的素食，打坐、讀經、掃除，不顧切除了三分之二胃後虛弱的身體，外出托缽化緣，到街頭向路人講經說法，凡是僧人修行的內容，他悉數體驗了。除了在圓福寺嚴格修行的幾天，稻盛主要在家坐禪，誦讀白隱禪師的《坐禪和贊》。

有一次與稻盛共進早餐時，我提到《坐禪和贊》，稻盛馬上即興背誦了開頭幾句，同時也是我最喜歡的一段。

眾生本來佛，恰如水與冰。
離水則無冰，眾生外無佛。
不知佛在身，去向遠方求。
好比水中居，卻嚷口中渴。

我曾問稻盛，在圓福寺修行時有沒有開悟的感覺？他笑著說沒有。後來，我也在圓福寺認真修行了 3 天，當然，也沒有所謂的開悟的感覺。

在修行期間，讓稻盛接近開悟，產生刻骨銘心感動的，是一件小事。

某天，稻盛外出化緣歸來，拖著疲憊不堪的身體蹒跚而行，路過一個公園，一位打掃落葉的大嬸，把掃帚往樹邊一擱，小跑過來，把 100 日元的硬幣放進稻盛的兜裡，說：「你一定餓了吧，買個麵包吃吧。」

她一臉慈悲的神情，頓時讓稻盛淚如泉湧。這不就是自己苦苦修行想要達到的境界嗎？稻盛說：「這時候，一種幸福感貫穿了我的全身，可以說，構成我身體的所有的細胞都因喜悅而顫動，就連周圍的景物也變得清晰起來。」

聽稻盛這麼說，我猶如身臨其境。稻盛修行一輩子，心靈達至純粹，所以那一瞬間，就能從這位樸素大嬸自然的利他行為中，感受到了人性的光輝，以至感激涕零。

去圓福寺修行之前，稻盛就對西片長老說：「鑒於年齡和體質，在寺院可能待不長，或許會中途逃離，請長老體諒關照。」長老答道：「不，您待久了，反而會干擾年輕僧人的嚴格修行，不久就會被他們趕出來的。」

西片長老又說：「我們禪宗出家人，以坐禪修身，與世無爭，但也沒有對社會做直接貢獻。你從世俗出家，於僧堂認真修行後，應回歸現實社會，繼續為世人服務，這才符合釋迦的教誨。一味在寺廟閉門修行，並非你的職責所在。」

談到佛門修行的收穫，稻盛說，過去講「利他」，往往需要有意識地告誡自己，用理智來強迫自己必須這樣做；而現在「利他」已成為一種自然而然的、自覺的思想和行為。過去要靠理性分析才能理解的一些事情，現在很快就能抓住其本質，從內心更深刻地理解它們。

中日友好使者

中國改革開放，提出推行社會主義市場經濟，當時國外許多人，包括不少著名的政治家和經濟學家都認為，社會主義和市場經濟這兩個概念是互相對立的，是無法融合的。

然而，稻盛先生眼光獨到，他說，市場經濟無非是主張一切生產都要符合於市場需求，按市場規律辦事，使人、財、物等各種資源都得到合理的配置和充分的開發。

而社會主義是主張人與人之間的平等，主張人的各種基本權利得到保證，使人們在物心兩個方面都得到滿足。社會主義與市場經濟不是對立的，而是可以融為一體、互相促進的，這是中國的創造。

稻盛先生的這種見解和闡述，可謂高瞻遠矚，在當時的國際社會是非常難能可貴的。

在稻盛先生的指導下，京瓷公司積極至中國投資，成立合資或獨資企業，分別在廣東東莞、上海、天津、江蘇無錫等地建立或收購了工廠。這些企業同樣貫徹稻盛先生的經營理念，與所在地區關係融洽，確保了中方合作夥伴的利益。

2001 年，稻盛先生為回應中國政府西部大開發的政策，捐贈 100 萬美元，設立了「稻盛京瓷西部開發獎學基金」，援助貧困學生。

當時，中國沿海地區與西部各省之間的經濟發展不平衡，稻盛先生認為，中國各地區平衡發展，對中國乃至世界和平很重要，於是為中國西部具有代表性的 12 所大學的學生發放助學金。申請助學金的條件是受資助的學生出生於西部，考上西部的大學，家庭貧困但是成績優秀，並承諾畢業後在當地就業。稻盛先生還為每年的「中國少年友好交流訪日團」提供活動資金。

鑒於稻盛先生為促進中日友好做出的種種貢獻，2004 年 4 月 5 日，中日友好協會授予稻盛先生「中日友好使者」的稱號。4 月 6 日，稻盛先生應邀到中共中央黨校，做了「致新時代的中國領導人」的精彩演講。2009 年 10 月 1 日，稻盛先生應邀參加在天安門廣場舉辦的中華人民共和國成立 60 週年慶典。

稻盛先生多次應邀率領日本「盛和塾」的塾生企業家們，前往中國參加中日企業經營研討會，做主題演講，傳授他的經營哲學。他被授予東莞市、貴陽市、景德鎮市榮譽市民，應邀任天津市、青島市、景德鎮市經濟顧問，被南開大學、新疆大學、東北師範大學、中山大學授予名譽教授、客席教授。

他接受中國中央電視臺採訪達 7 次之多，在 1995 年就應當時中國國家經濟貿易委員會的邀請，到北京人民大會堂演講。另外，他還應邀為中山大學、南開大學、南京大學、清華大學、北京大學等著名大學的師生們演講。

稻盛先生演講中的許多重要觀點，比如關於領導者資質的論述：深沉厚重是第一等資質，磊落豪雄是第二等資質，聰明才辯是第三等資質；關於命運與因果的論述，直接來自中國的古籍，這些都成了稻盛先生終身的信仰，成了稻盛哲學的重要組成部分。也就是說，稻盛先生的成功以及他的成功理念中，有中國文化的深刻影響。

稻盛先生說，中國自古以來就有建立在「仁德」基礎上的精神規範和倫理道德，這是最值得中國人自豪的東西。中國企業在經歷了加入世界貿易組織（WTO）和全球化的考驗，把以「德治」為基礎的經營理念發揚光大之後，必將引領全球經濟潮流。

稻盛先生身上有一種割不斷的中國情結。稻盛先生說：「日本向中國學習了一千年，而且中國的聖賢是從『道』上，也就是從根本的為人之道上教我們的。我要把學習中國聖賢的文化，應用於企業經營的經驗，告訴中國的企業家，讓他們少走彎路。」他說，如果自己粗淺的經驗，能對中國的企業家有所啟示，能助中國的經濟發展一臂之力，將是他有生之年無上的幸福。

稻盛先生在中共中央黨校演講時，還引用了孫文先生於 1924 年在日本神戶有關「王道和霸道」的談話，稻盛先生的發言精彩又妥當。

> 孫文先生說道，西洋的物質文明是科學的文明，後來演變成武力文明，並用來壓迫亞洲，這就是中國自古以來所說的「霸道」文化。而亞洲有比這優越的「王道」文化，王道文化的本質就是仁義、道德。

> 日本民族在吸收歐美霸道文化的同時，也擁有亞洲王道文化的本質。日本今後面對世界文化的未來，究竟是充當西方霸道的看門狗，還是成為東方王道的捍衛者，取決於日本國民的認真思考和慎重選擇。
>
> 遺憾的是，日本沒有傾聽孫文先生的忠告，結果一瀉千里，陷於霸道而不能自拔。我衷心希望，不久的將來必將成為經濟大國、並擁有強大的軍事實力的中國，一定不要陷入自己一貫否定的霸道主義，以中國自古以來一直強調的「以德相報」的胸襟，亦即遵循王道，治理國家，從事經濟活動。

在中國又辦企業，又講哲學，還談及政治，就是作為中日友好使者，稻盛先生也是特色鮮明，不同尋常。

拯救日航

關於日本航空即將破產的報導，是當年日本社會最轟動的新聞。2010 年 1 月 10 日，日本首相正式邀請稻盛出任破產重建的日航的負責人，走出首相府，記者們追問稻盛是否赴任，稻盛回答，要思考一個星期以後再做決定。

得知此事當晚，我在部落格中寫道：「我相信只要體力許可，稻盛先生一定會義無反顧，挺身而出，出任日航 CEO。根據我與稻盛先生接觸的經驗，根據我對他性格的判斷，只要稻盛挑起這副重擔，我相信，日航的重建成功必將指日可待。」

稻盛是 2010 年 2 月 1 日進入日航的，1 月 27 日，我又發表文章：《日航重建——稻盛經營哲學的公開實驗》，我的預測相當準確。不過我也沒想到，僅僅一年，日航就從虧損約 100 億元，到盈利約 140 億元。這個數字是日航 60 年歷史中最高利潤的 2 倍，在全世界航空企業中獨占鼇頭，而且遙遙領先。日航從谷底一下子飆升至峰頂，這種戲劇性的變化，究竟是如何發生的呢？

稻盛用他的哲學拯救日航，這是一個經典的、近乎完美的、理想主義的案例，這個案例在全世界企業經營的歷史上，不說它是絕後的，至少它是空前的。有人說，稻盛先生是「超人」，一年拯救日航簡直是神話，但是，這個看似神奇的故事背後的本質，其實異常簡單。

一、提出三條大義

當日本政府有關部門上門邀請時，稻盛以年事已高，並且不了解航空事業為由，堅決推辭。但禁不住邀請方的反覆懇求，稻盛動了俠義之心。作為赴任的理由，他提出了重建日航的三條大義。

第一，保住 32000 名日航留任員工的飯碗，另外，日航還有大量的子公司，日航一旦二次破產，將會引發日航系統企業的失業潮；第二，日本經濟連續 20 年低迷，從某種意義上講，日航就是整個日本經濟的縮影，如果如此糟糕的日航還能重生，就能振奮日本經濟界，替日本經濟注入新的活力；第三，讓乘客保持選擇航空公司的自由，如果日本具備國際航線的航空公司只剩下全日空一家，就違背了市場競爭的原理，會給乘客帶來困擾。

如果這三條大義為日航全體員工共有，他們就會認識到日航重建不只是為了自己，也是為了乘客乃至國家，這就能激起他們的鬥志。

2010 年 6 月 13 日，稻盛和夫經營哲學（北京）報告會結束以後，在送他去機場的途中，我對稻盛說，還應該有第四條大義，就是向天下昭示稻盛哲學的正確有效。稻盛笑著說：「這話只能你說，我自己不能說。」我認為，這第四條的意義絲毫不亞於前三條。

二、明確經營理念

稻盛一進日航就公開宣布，新生日航的經營理念不是為股東，不是為政府，而是為追求全體員工物質和精神兩方面幸福。稻盛強調，必須把經營的目的聚焦到這一點，把企業的理念昇華到這一點，全體員工齊心協力，共同重建日航。

日航的幹部們不理解追求員工幸福的經營理念，他們認為，日航宣布破產，銀行損失了 5500 億日元，44 萬股民的股票打了水漂，按照重建計畫，要裁減 1/3 的幹部員工，留職的幹部員工要大幅降薪，國家要注入 3500 億日元的資金。

更何況，日航有 8 個工會，與經營層鬥爭了 60 年，在這種情況和背景下，宣布日航的經營理念是追求全體員工物質和精神兩方面幸福，顯然不合時宜。但這一條是稻盛在痛苦的經驗中領悟的經營企業的根本原則，是稻盛不容動搖的信念，是京瓷、KDDI 持續成功的法寶。

稻盛認為，只要把這一經營理念傳達給包括工會在內的全體員工，員工就會充滿自豪、朝氣蓬勃、積極工作，為日航重建盡心盡力。但直到《日航哲學手冊》定稿時，還有人提出，日航畢竟是一個服務型企業，應該把為客人提供最好的服務放在首位。稻盛當即搶過話筒，斬釘截鐵地說：「如果員工不幸福，誰來向客人提供最好的服務！」

於是，就這麼一錘定音了。

三、推行意識改革

意識改革又叫哲學共有。在日航的幹部會議上，稻盛說，我判斷事物是有基準的，這個基準就是「做為人，何謂正確」，幹部們一時反應不過來。稻盛說，反應不過來沒有關係，但你們要把這句話放在心頭，碰到問題時拿出來對照，然後做出判斷，採取行動。

當有的幹部表示靠這種小孩都懂的道理無法拯救日航時，稻盛就發火了：「連做為人應該做的好事和不應該做的壞事都分不清，連這樣的判斷基準都不能理解、不願接受、不肯實踐的人，請你們趕快辭職，因為靠這樣的人無法重建日航。」

2010 年 6 月，稻盛組織日航 52 位主要幹部，進行所謂「密集型猛特訓」，就是「徹底的主管者教育」。一個月舉辦了 17 次學習會，稻盛親自講了 5 次。有一次稻盛感冒，聲音沙啞，見有的幹部還不認真，稻盛動情地說：「我是用我的心血來講的，你們一定要好好地聽啊。」

稻盛嘔心瀝血，言傳身教，極具感染力。一個月的特訓結束，幹部們感動之餘，通宵討論，痛表決心。「這個人值得追隨，我們跟定了。」日航的氛圍從此煥然一新。接著，3000 名中層幹部也主動要求學習，不久，學習活動推廣到了全體員工。

在此基礎上，由日航的幹部、員工代表共同制定了《日航哲學手冊》，內容共 40 條。因為請我翻譯成中文，我得以在第一時間知道了它的內容。與京瓷哲學 78 條相較，日航哲學更為簡潔，而且具有鮮明的日航特色。

四、實施阿米巴經營

日航的主管者「連一個蔬菜鋪也不會經營」，這是稻盛對日航幹部們的當頭棒喝。日航上上下下沒人關心經營數字，月經營報表要過兩、三個月才能出來，而且只有一些籠統的數字，有的航線月月虧損，也無人過問。稻盛問，這個企業誰對經營結果負責，沒人應答，日航留任的總經理只好舉手，但他來自修理工廠，連財務報表也看不太懂。

根據重建計畫，日航要賣掉所有的波音 747 大型客機，要取消將近 1/4 的航線，因此，銷售額勢必大幅下降。在這種情況下，要擠出利潤，唯有削減成本。稻盛要求各個部門制訂詳細的降本計畫，並付諸實行，一個月後召開經營會議，讓各部門負責人當眾發表實行計畫的結果，稻盛當場予以嚴格指導。

在準備工作就緒以後，日航就開始分部門、分航線、分航班劃分組織，指定「阿米巴長」，進行獨立核算，就是導入阿米巴經營模式。

這樣，每個月，每個部門詳細的經營資料就能及時公開。以這些資料為基礎，每個月召開月度業績報告例會。因為每條航線、每個航班的收支盈虧一目了然，就能以各阿米巴長為負責人，阿米巴成員分攤指標，大家群策群力，為提升效益出主意、想辦法，不斷改革，不斷創新。

特別的考驗是，在 2011 年日本 311 大地震、大海嘯、核輻射三重災害之下，現場阿米巴長大顯神通，他們調動臨時班機 2700 架次，既幫助了災區，也使第二季度盈利了 171 億日元。而競爭對手全日空認為地震屬於不可抗力，缺乏強有力的對策，因而同期虧損 80 億日元。

五、稻盛的無私

日航於 2012 年 8 月提前成功再上市，募集資金 6900 億日元，這接近國家注資的兩倍。日航重建圓滿成功，稻盛卻謝絕日航的挽留，於 2013 年 3 月末退出日航。在日航不多待一天，也不少待一天，稻盛將這稱為「男子漢的美學」。

同年 5 月，我跟隨稻盛去巴西，參加巴西盛和塾成立 20 週年活動。在一次共進早餐時，我向稻盛提出一個問題：「現在日航重建已經成功，這點沒有爭議，但成功的原因眾說紛紜。有人說，是因為您的個人魅力，或者說是您的經營手腕；有人說，是因為稻盛『做為人，何謂正確』的經營哲學；還有人說，是因為分部門核算的阿米巴模式。上述三者當然互相關聯。但如果問您，三者中最重要的是哪個，您怎麼回答？換句話說，是領導者個人重要，還是指導思想重要，或是體制重要？」

稻盛回答說：「主要是我讓日航的幹部員工們感動了。我已經 80 歲高齡，身為航空業的外行，不取一分報酬，沒有私利，原來與日航也沒有任何瓜葛，但我冒著『玷污晚節』的風險，不顧自己的健康，鞭策這把老骨頭，全身心投入日航的重建。這就給了日航幹部員工或有形或無形的影響。看到像他們父親、爺爺一樣年齡的人，為了他們的幸福拚命工作的樣子，日航的員工們感動了，他們覺得『自己不更加努力可不行啊』！由於日航全體員工團結奮鬥，不斷改革改進，日航重建才獲得了成功。所有的事情都是日航員工們幹的，我不過是把他們點燃了。」

至死利他

2022 年 8 月 24 日，日本時間上午 8 點 25 分，稻盛在自己家裡逝世。雖說是 90 歲高齡，無病無痛，無疾而終，但我還是感到很突然。原本約定好在 5 月 27 日，我去他家向他彙報工作，但因為疫情我出不了國。代表我去的是稻盛和夫北京公司的副董事長池田先生。

據說當天稻盛氣色不錯，思維清晰，一個半小時內，對若干事項都做了確認，由此，我放心了。不料，到 7 月底，稻盛突然患腸阻塞住院，雖然很快治癒了，但食欲卻上不來，稻盛又拒絕點滴、注射等治療，因此日漸衰弱。

最近幾年，有關他的健康，我曾寫信提出 10 條建議，並當面交給他，他誇我的諫言邏輯嚴密，無懈可擊（理路整然[4]），但並未認真採納。

註 4：理路整然為日語詞，意為條理分明。

我知道，對於生死，稻盛特別灑脫。在身體健康的時候，他拚命工作；但身體衰弱的時候，他對生毫不執著，對死毫無恐懼。

稻盛一輩子神采飛揚、霸氣十足，他不願意讓自己陷入老醜、老害、老糊塗的境地。這幾年來他足不出戶，因為他不願意以衰弱的形象出現在公眾甚至盛和塾的塾生面前。

在數年以前，他就徹底擺脫了在京瓷、KDDI 和日本航空的一切工作，卸去稻盛財團理事長的職務，不再參加京都獎頒獎儀式，解散日本等地的盛和塾，把著作權轉讓給京瓷等，他早就有條不紊地為自己的離世做好了物質和精神兩方面的充分準備。

他逝世後，為了不驚動社會，不影響鄰居，他的家屬依據他的囑託，將他的遺體送往他生前修行過的圓福寺。守靈和葬禮非常簡樸，參加者只有他的直系親屬，包括鹿兒島的弟、妹等十餘人，京瓷公司的會長社長、KDDI 的會長社長、日本航空的會長社長各兩人，京瓷創業元老兩人，稻盛財團負責人一人，敬愛公司社長一人，總共二十多人。

沒有驚動日本的政界、官界、商界，沒有驚動鹿兒島大學、京都大學、立命館大學任何一位親朋好友。葬禮於2022年8月29日結束，30日下午他的家屬才對外公布去世的資訊，並拒絕一切獻花乃至唁電。

稻盛至死利他，帶著他美麗的靈魂開啟了他新的旅程。因為稻盛早已參透生死，所以他不會為親友的離世而過度傷悲，自然也不希望別人為他的逝世而悲傷。

同年11月27日，我趕赴日本，參加28日在京都國際會館舉辦的稻盛和夫告別會，還接受了日本記者的採訪。稻盛雖然已經離我們而去，但是，稻盛今天依然而且將永遠活在我們的心中，音容永在。

我堅信，稻盛敬天愛人的利他哲學，一定會在更廣闊的層面上，在世界上發揮歷史性的偉大作用。

02
稻盛和夫的判斷基準

不拿賺還是虧做基準，而是用「做為人，何謂正確」這一原則去經營企業，去應對和解決一切問題……

稻盛 27 歲創業成了經營者，需要判斷的事情陡然增加，那麼怎樣才能對接踵而來的問題不斷地做出正確的判斷呢？

稻盛說：「創立京瓷時，我是技術員，理工科出身，對會計和企業經營可以說一竅不通。在我的親戚朋友中，又沒有一個經營者，沒有一個人我可以請教。但既然自己開公司，當了經營者，就必須對公司各種事情做決斷。部下來請示『這筆生意做不做』、『那個問題怎麼辦』，因為缺乏經驗和知識，不知道該如何回答，我非常苦惱。」

但苦惱歸苦惱，對下屬提出的問題，卻必須及時答覆，不能沉默，不能迴避，不能推諉，決斷得由自己來下。

稻盛說：「剛剛誕生的弱小企業，一旦判斷失誤，很可能立即消失，我深感責任在身，常因擔心而夜不能寐。」

「拿什麼做決斷的基準呢？苦惱之餘，我想到了原理原則。所謂原理原則，就是『**做為人，何謂正確**』這句話。從小父母、老師教導過的，小時候他們表揚我、責備我，根據什麼呢？不外乎『是非對錯、好壞善惡』這類最樸實的道理，如果這可作為判斷基準，那並不困難，我能夠掌握。」

「不拿『賺還是虧』做基準，不拿『賺錢多或少』做基準，而是用『做為人，何謂正確』這一原則做判斷基準，從這一點出發，去經營企業，去應對和解決一切問題。京瓷和 KDDI 如今都已成長為世界規模的企業了，『原點』就是『做為人，何謂正確』這一判斷基準，如此而已。」

一團亂麻的長度，我們憑肉眼和感覺很難正確判斷，但只要有一把尺就行了，尺就是基準。那麼，對人生、工作、經營中碰到的一切事情，是不是也有一個判斷的基準呢？稻盛斷言，有這樣的判斷基準，而且這個判斷基準異常簡單，用一句話來講，就是「做為人，何謂正確」。

稻盛說：「做為人，是對還是錯，是好還是壞，是善還是惡，這是最基本的道德規範。而且從中引申出來的正義、公平、勤奮、謙虛、正直、博愛等，都是孩童時代父母、老師教導我們的最樸實的倫理觀。如果用這些倫理規範作為判斷事物的基準，我能夠理解，能夠掌握。」

稻盛說，這個判斷基準就是自己哲學的「原點」。自己一切事業成功的出發點和歸結點都在這裡，既不複雜，更沒有任何神祕的地方。

本來，稻盛尋求的是企業經營的判斷基準，結果卻不限於企業經營，他找到了更廣闊層面上的、對任何人都適用的、做人做事的基準。因為企業經營也不過是人做的、以人為對象的活動而已。

聽稻盛這麼講，我有一種莫名的驚喜，我不知道怎樣形容自己的感受。後來，我想到一句詞：「眾裡尋他千百度，驀然回首，那人卻在燈火闌珊處。」用在這裡，很是貼切。

回顧過去的人生，我做過許多正確的判斷，也做過若干糟糕的判斷。無論正確的判斷還是糟糕的判斷，在遇到稻盛之前，我的判斷從沒有而且也不可能上升到「做為人，何謂正確」這種哲學的高度。也就是說，我不可能對人生所有問題，都從這一個原點出發，來做出正確的判斷。

既然稻盛做出了示範，提出並出色地實踐了這一簡單的判斷基準，那麼，這麼簡單的判斷基準，我也可以擁有啊！我也可以對自己碰到的一切問題，都做出正確的判斷啊！我有一種頓悟的感覺。

不過理可頓悟，事須漸修。要徹底實踐這一判斷基準，必須改變自己原有的價值觀。要改變過去以得失、好惡判斷事物的基準，談何容易。但是，既然我從稻盛的教導中領悟了這一點，既然這一點已經為我以往的成功經驗和失敗教訓所證明，既然我在理性和良知的層面上高度認同了這一點，我就要堅持朝這個方向努力，不斷反省、不斷修正。

而在實踐的過程中，我發現，這一判斷基準非常靈驗，我深深地感覺到，一旦從私心的束縛中解放出來，判斷就變得格外輕鬆，效率非常高。至此，我把自己的工作和人生劃分成兩個階段：稻盛之前和稻盛之後。在稻盛之後，我的生活、工作、經營，包括盛和塾的活動，都生氣勃勃，意氣揚揚。

具備判斷基準，就是心中有底。我湊詩曰：

登高莫問頂，途中耳目新。
心裡有基準，踏實往前行。

我們每個人都有與稻盛一樣的良知，只要我們不屈不撓，努力實踐「做為人，何謂正確」這一判斷和行動的基準，帶著這個意識，具體問題具體對待，持之以恆，精益求精，我們的人生就一定能進入一個全新的境界。我們應該堅信這個真理。

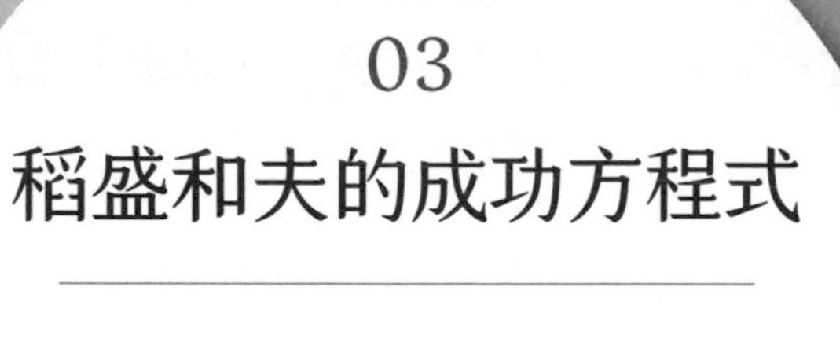

03 稻盛和夫的成功方程式

為了鼓勵創業夥伴，並為了說服自己，稻盛想出了一個成功方程式，也稱為「人生・工作結果」方程式……

稻盛說，「做為人，何謂正確」這一判斷基準，就是他後來想出的成功方程式裡的「思維方式」。判斷基準既可以從極端利己到十分利他，也可以從 -100 到 100 打分。

京瓷公司成立之初，28 名員工中有 16 名是國中畢業生，有幾名高中畢業生，還有畢業於地方大學的稻盛。稻盛認為，這個團隊中全是能力平凡的人，那麼，能力平凡的人怎樣才能獲得不平凡的成功呢？

為了鼓勵一起創業的夥伴，同時也為了說服自己，稻盛想出了一個成功方程式，也稱為「人生・工作結果」方程式。稻盛說，這個方程式是自己哲學的核心，自己一輩子就是按這個方程式辦事的，也只有這個方程式才能說明自己的事業為什麼成功。

人生・工作結果＝思維方式 × 努力 × 能力

-100~100 ×0~100×0~100

方程式中的「能力」，主要指先天的智商、健康狀況，包括運動神經、音樂細胞等。從白痴到天才，可從 0 到 100 打分。但「努力」（或熱情）不是先天的，而是由自己的意志決定的。從懶惰到勤勞也可從 0 到 100 打分。至於「思維方式」就是價值觀，就是人生態度，它從 -100 到 100，而這三者是相乘的關係。

一個天資聰穎又很健康的人，「能力」可打 90 分，但若他自恃聰明，不思進取，「努力」只得 30 分，那麼兩者之積為 90×30 ＝ 2700。另一個人天賦差些，「能力」只得 60 分，但他笨鳥先飛，特別勤奮，「努力」可打 90 分，這樣他的乘積為：60×90 ＝ 5400。後者得分比前者高一倍。

然而三者中最重要的是「思維方式」，它是向量，有方向性。一個人能力再強、熱情再高，如果他一味以自我為中心，損人利己，損公肥私，或者哲學混亂，三者相乘，那麼他的人生就是絕對值很大的負數，並可能給他人、社會造成很大損害。這樣的例子，古今中外屢見不鮮，希特勒就是典型的反例。

「努力」和「能力」的重要性眾所周知，但令人遺憾的是，人生道路上最重要的「思維方式」，幾乎所有人都不太明白，幾乎所有人都不求甚解，這就是各種問題的癥結所在。稻盛說，最初他認為能力、努力、思維方式這三要素是相加的關係，後來意識到只有三者相乘，才符合現實。開始時，他把「能力」放在前面，後來看到許多聰明人因思維方式錯誤而墮落，就把「思維方式」放到了首位。

這個方程式說明人生很單純，一共只有三個要素。只要把「努力」和「能力」的分數做大，把「思維方式」的分數做正、做大就行了，人生就這麼簡單。另外，這個方程式還說明人生很嚴峻，因為思維方式是變化的，如果它由正變負，就將導致整個人生的慘敗。

我第一次聽稻盛講成功方程式時，感覺非常新鮮，非常確切，勝過任何有關成功的定義，感動之餘，出版了拙作《稻盛和夫的成功方程式》。稻盛誇獎此書道：「正因為是透澈理解京瓷哲學的非京瓷人所著，所以很值得參考。」稻盛還親自推薦此書在日本出版，結果意外暢銷，後來還出了文庫本，稻盛對書中下面這幾段話很是讚賞。

> 我認為可將「思維方式」分為兩個側面。一個是人格的側面，正面的比如：公正、誠實、開朗、勤奮、勇敢、謙虛、善良、克己、利他等；負面的比如：不正、偽善、懶惰、卑怯、傲慢、任性、浮躁、妒忌

以及自我中心等。另一個是科學的側面，就是「認識論」，就是由五官從外界收集各種資訊，用頭腦加以分析，從複雜現象中匯出本質，據此制訂計畫，然後實行。在實行中繼續收集資訊，再分析，並對照計畫，做必要修正，然後再實行這樣一個迴圈，簡單講就叫「實事求是」。先是正確認識事物，然後是拿這種正確認識去改造事物，或創造新的、美好的事物。

人格側面和科學側面相輔相成。稻盛先生說：「充滿利己的人心目中，只呈現複雜的現象，利己的動機勢必模糊問題的焦點。」也就是說利己主義者不可能始終「實事求是」。

現實生活中雖然有時候事情本身很簡單，但因為當事人有私心，又要掩飾私心、掩飾真相，所以事情就會複雜化，人際關係也因此複雜起來，變得棘手，難以處理。因此一個人格高尚、心地純潔的人，不受私心蒙蔽，就容易看清事實真相，看出事物規律，並勇於按事實、按規律辦事。這就是說，人格高尚的人才能始終實事求是；反過來，只有堅持實事求是，一個人才能保持或提升自己的人格。

04

稻盛和夫的企業目的

京瓷的企業目的定義為：在追求全體員工物質和精神兩方面幸福的同時，為人類社會的進步發展做出貢獻……

創業初期，稻盛就確立了判斷一切事物的基準——「做為人，何謂正確」。這個基準如何實踐呢？重大的考驗馬上就來了。

在松風工業打工時，稻盛的技術得不到公正的評價，因此，他創立了自己的公司，「讓稻盛和夫的精密陶瓷技術問世」，自然就理直氣壯地成為企業目的，但這樣的目的，很快就被現實擊得粉碎。

創業第二年，京瓷招進了 10 多名高中畢業生，高中畢業生與國中生畢竟不同，一年以後，其中多數人成了各個部門裡的幹部。

京瓷雖說是一個高新技術企業，但畢竟是陶瓷企業，與粉塵、高溫打交道，工作條件非常艱苦。一個創辦不久的小企業，工資不高，沒有任何福利設施，管理又非常嚴格，還幾乎天天加班。這些年輕人忍受不了，他們持聯名狀，向稻盛提出「集體交涉」。

聯名狀上寫明最低工資增幅、最低獎金，而且須每年連續增長，他們要求稻盛做出保證。

當初招聘面試時，稻盛對他們說，公司究竟能成何事，自己也不知道。但自己必定奮力拚搏，力爭辦成一流企業。「你們願意到這樣的公司來試試嗎？」

他們瞭解稻盛事先並無工資獎金方面的承諾。但僅過了一年，他們就寫聯名狀並按上血印，威脅說：「不答應條件就集體辭職。」

稻盛認為，公司創辦不足 3 年，自己對公司前途仍無確定的把握；對將來的描繪，也只是「全身心投入，總會有所成就」的程度。為了挽留他們而做出缺乏自信的、違心的承諾，他做不到。

然而新公司正缺人，他們已成為戰鬥力，如果走了，公司必遭損失。但是，稻盛最後還是明確答覆，不接受他們的條件。

稻盛苦口婆心地說服他們，談判從公司到稻盛家，僵持了三天三夜。稻盛對他們這麼說：「我雖然不能答應你們的條件，但我一定傾盡全力，把公司辦成你們心目中認可的好企業，到時候，公司提供的條件，可能超出你們現在的要求。」

「資本家、經營者，嘴上說得好聽，用甜言蜜語欺騙我們這些老實的勞動者。」

「是不是欺騙，我無法向你們證明，但希望你們相信我。如果無法相信，就抱著『就算上當也試試』的心情，怎麼樣？」

這樣熬了三天三夜，推心置腹，其中 10 個人總算相信了稻盛的話，一個個含淚留下。

只剩領頭的名叫波戶元的那一位，為了表示男子漢說話算數的「骨氣」，他堅持即使一個人，也要辭職。

迫於無奈，稻盛說：「波戶元，你一定要相信我。如果我對經營不盡責，或者我貪圖私利、背叛你，你覺得真的上當受騙了，到時你把我殺了也行。」

波戶元聽罷哭出聲來，緊緊握住稻盛的手，表達歉意。

辭職風波結束了。但夜以繼日的交涉，不僅使稻盛筋疲力盡，還深深地刺傷了他的心。事態雖然平息了，但隨後幾個星期，他仍然心情鬱悶，寢食不安，擺脫不了苦惱。

創業之初，企業目的是讓稻盛和夫的精密陶瓷技術問世。技術問世聽起來不錯，但其實只是顯耀他個人的本事，這種狹隘的個人願望，用「做為人，何謂正確」這一基準來對照，本質上仍然是一種私欲。

稻盛說：「京瓷公司不是顯耀稻盛和夫個人技術的場所，更不是經營者一個人發財致富的地方，而是要對員工及其家屬現在和將來的生活負責，京瓷公司應該成為全體員工共同追求幸福的場所。」

稻盛把京瓷的企業目的重新定義為：**在追求全體員工物質和精神兩方面幸福的同時，為人類社會的進步發展做出貢獻**。

因為企業作為社會一員，必須承擔相應的社會責任，所以這後一句也必不可少。

企業目的又稱為經營理念，轉變經營理念並不輕鬆。一開始稻盛非常困惑，自己在七兄妹中排行第二，鄉下親兄弟尚且照顧不及，又怎能保證進廠不久的員工，包括他們親屬的終生幸福呢？但是，在說服 11 名員工的過程中，他不能不得出這樣的結論。

稻盛說：「這次糾紛教育了我，讓我明白了經營的真義——經營者必須為員工物質和精神兩方面幸福殫精竭慮，傾盡全力。經營者必須超脫私心，讓企業擁有大義名分。」

「這種光明正大的經營理念，最能激發員工內心的共鳴，獲取他們對企業長時間、全方位的協助。同時大義名分又給了經營者足夠的底氣，可以堂堂正正，不受任何牽制，全身心地投入經營。」

一旦建立正確的經營理念，從私心的束縛下解脫出來，稻盛就感到渾身都是力量。在這個理念之下，今後他不僅可以嚴格律己，而且可以嚴格要求幹部員工，讓大家齊心協力把公司辦好。

「做為人，何謂正確」的判斷基準，在企業目的這個重大問題上，發揮了決定性作用。

而正確的企業目的，為京瓷的騰飛打下了堅實的基礎。

05

稻盛和夫談中日關係

不能單單因為領土爭議這個問題，
中日關係就一直僵持對立下去。
日本人要把國界問題放到一邊……

作為中日友好使者，同時從「做為人，何謂正確」的哲學原點出發，對於中日之間的歷史問題，稻盛先生的態度一貫鮮明。他說：

「在一次座談會談及日本是否應該向中國謝罪時，我認為應該謝罪，但我話音剛落，在座的大學教師們都露出了驚訝的神色。他們認為，如果不是萬不得已，一個國家向另一個國家謝罪是不可思議的，是絕不可行的，謝罪有失國家權威，在國際法上也將蒙受損失。

「然而，我認為，日本侵略了他國，踐踏了別國的領土，既然這是歷史事實，就應該道歉、謝罪。我堅持這個觀點。向受傷害的對方道歉、謝罪——這是做為人應有的、普遍的正義感，應該超越所謂的常識和道理。這是一個在談論國家利益和體面之前的問題，是必須遵循的、理所當然的規範，雖然單純至極，卻是絕不可動搖的原理原則。

「所以，即使謝罪會帶來利益損失，但事情該怎麼辦，就應該怎麼辦。只有這種真摯的、誠懇的態度，才能被對方接受。反過來說，日本的道歉、謝罪之所以不被中國、韓國接受，是因為日本並不真誠，在謝罪中夾雜私心，混雜商人做交易的心態。這樣一來，就把本來很單純的問題複雜化，而且引發了新的爭論。在我看來，這是把簡單問題複雜化的典型事例。」

他還批判了某些日本右翼政客參拜供奉日本甲級戰犯的靖國神社這種行為。

在中日關係因領土歸屬問題突然緊張起來時，在一次接受日本記者採訪的過程中，稻盛提出，「對中國要以德相待」。他痛心地說：「中日關係現在暗流洶湧，情況非常嚴峻，處理起來非常棘手——領土問題不可能以『把雙方的主張加起來除以二』這種簡單方式解決。這個問題就像卡在喉嚨裡的刺，要想解決需要花費時間。」

稻盛主張暫時擱置這個爭議。他說：「但是，包括經濟在內，不能單單因為領土爭議這個問題，中日關係就一直僵持對立下去。日本人要把國界問題放到一邊，對中國民眾以德相待。」

他繼續說：「在中國數千年的歷史中，出現過孔子、孟子等許多傑出的哲學家，其哲學理論非常精闢，許多普通大眾也擁有這樣的素養。我認為，日本應該放棄霸道，以王道和德與中國交往。」

2015 年 3 月 12 日，在我談及當時中日突然緊張的關係時，稻盛先生說：

「日本政治家的缺點，就是不願誠實地承認歷史事實，不肯誠懇地認錯謝罪。日本侵略中國，給中國人民帶來過巨大的苦難，這是事實。過去日本走了軍國主義道路，對這一點就要真誠地向中國人道歉謝罪，必須在這個基礎上強調中日友好的願望。

「日本人誠實勤奮、親切溫和、彬彬有禮，凡是到日本來的外國客人，都對日本有好感，他們異口同聲都認為日本人有教養，優雅友好。即使不宣傳，全世界也都承認日本民族的優秀面。但是，首先日本必須坦率地承認過去的錯誤，比如南京大屠殺，這是歷史事實，既然日本侵略了中國，屠殺了人民，就應該認錯謝罪。

「有人認為認錯謝罪表示日本軟弱，但我認為誠實面對歷史，才能獲得中國和韓國的諒解，才能把國家之間的關係理順。在這基礎上發揮日本民族的長處，用親切友好的態度與鄰國交往，中日和日韓關係就會好轉。」

稻盛還用他特有的哲學之刀，對日本的民族性格進行了深刻的剖析。在《哲學之刀：稻盛和夫筆下的「新日本新經營」》一書中，稻盛從一個最簡單、最基本的事實出發：

> 日本民族是由稻作農業開始步入文明的。耕種水稻需要修建水渠，這是共同作業，公平分水需要共同遵守的規則，插秧和收割時，需要全村出動，一鼓作氣……，因此，村落內部的協調，優先於個人自由，村落邏輯由此而生——村落及團隊內部必須「以和為貴」。但在村落邏輯不起作用的外部世界，鬥爭性的一面就會展現，甚至滑向殘忍。
>
> 國家是放大的村落，日本明治維新後，採取「富國強兵」的政策，這是向西方學習的表現。但日本接受的西方自由主義和自由市場的概念，不是以個人主義為基礎的，而是在「集團＝村落」層面上的自由競爭。其結果是「富國強兵」慢慢偏向了「強兵」，最後走入軍國主義的死胡同。
>
> 二戰失敗，被強制轉型後，日本又偏向「富國」，而「集團＝村落」的原理又濃重地反映在日本企業和日

> 本國家的行動上。日本利用從歐美引進的技術，利用團隊精神及低成本、高品質的優勢，暴風驟雨般向國外傾銷產品，搶奪當地廠商的市場。

這種無限擴大自己利益的「獨善其身」的行為，被指責為「經濟侵略」，日本人則被西方揶揄為「經濟動物」。對此，稻盛先生開出的藥方是：日本要成為世界公民。

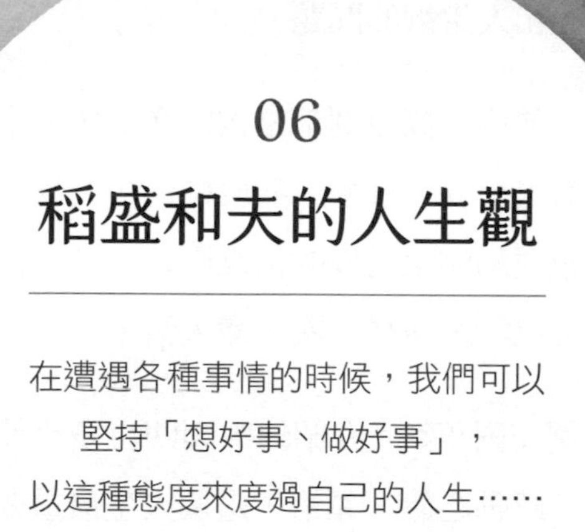

06
稻盛和夫的人生觀

在遭遇各種事情的時候，我們可以
堅持「想好事、做好事」，
以這種態度來度過自己的人生……

從年輕時起，稻盛就養成了深入思考事物本質的習慣。前述三條原則，即判斷基準、成功方程式、企業目的，就是稻盛深思熟慮的產物。自從在松風工業工作開始，在拚命工作的同時，除了認真思考技術開發和生產管理等問題，他還拚命思考人生和人生觀的問題。

如果說，前述三條原則都是稻盛在工作、生活和經營的實踐中自己悟出來的，那麼，關於稻盛和夫的人生觀，也就是人生是由命運和因果構成的這條原則，乃是稻盛在讀書時悟出來的，可以說，這是一次大徹大悟。

稻盛在讀安岡正篤[5]介紹的中國四百多年前的明代袁了凡的故事時，感動之餘，領悟了這個人生最重要的法則。

最近十多年來，隨著國學熱的興起，《了凡四訓》廣為流傳。但在六、七〇年代，我們並不知道袁了凡是誰，棲霞寺在哪裡。而稻盛在五十多年前就讀到袁了凡的故事，並且

註 5：安岡正篤（1898—1983 年）是日本著名漢學家、思想家、王陽明研究權威與管理教育家，他創立了日本金雞學院、農士學院、東洋思想研究所與全國師友協會。他一生都致力於用中國文化經典去教育日本管理者。

一下子就抓住了這個故事的核心，確立了自己不可動搖的人生觀。稻盛非常喜歡袁了凡的故事，不厭其煩地向周圍的人介紹，並解釋袁了凡的故事。

袁了凡的故事非常簡單。袁了凡原名袁黃，父親是個醫生，英年早逝，他與母親相依為命。他原本只是一個懵懵懂懂的少年，但有位來自南方、自稱奉命向他傳授易學精髓的白髮老人，卻把他的命運算定了，連哪一年在哪一級參加科舉考試，考第幾名都算得分毫不差。

了凡因此對白髮老人和老人為他算好的命運堅信不疑。什麼時候當官、在哪兒當官，結婚但不會生子，壽命 53 歲。因為了凡已經認命，沒有奢望、沒有野心、沒有任何多餘的想法，所以在棲霞寺打坐時，他氣定神閑，沒有任何雜念，但這表面上的淡定，實際上是一種麻木。

雲谷禪師得知了凡這種心態後，一語喝破：「看到你坐禪時無思無慮的神態，我非常佩服你，以為你雖然年輕，但悟性很高，很了不起，想不到你竟是一個大笨蛋。」

雲谷禪師說：「人確實有命運。但天下有像你一樣，完全順從命運度過人生的蠢人嗎？命運是可以改變的，想好事、做好事，就會有好的結果；想壞事、做壞事，就會有壞的結果。人生中存在著這樣的因果法則，運用這一法則，就可以改變命運。」

了凡是個老實人，聽禪師一番話茅塞頓開，謝過禪師，回家就與夫人一起，開始照禪師說的去做，每天想好事、做好事，每天記功過簿，實踐因果法則。結果，本來說命中無子，卻生了個兒子；原來說只能活 53 歲，但活到 70 多歲還很幸福。

我想，如果沒有雲谷禪師的開導，到 53 歲那年，了凡即使沒病也會等死，因為他已經習慣了順從命運度過人生。

我讀過許多類似的勸人為善的故事，卻沒有引起我的興趣，有時甚至認為，這不過是陳腐的虛偽說教。我看有的專家寫的《了凡四訓》的解讀，洋洋灑灑好幾萬字，他們或在善惡的概念上大做文章，或把因果報應說得神乎其神，但因為沒有抓住命運和因果兩者的關係，所以牽強附會，缺乏說服力。但稻盛只用 1000 多字就畫龍點睛，切中了問題的要害。

稻盛 27 歲創業後，一邊認真思考怎樣正確地經營企業，同時又苦苦思索，人生是什麼，人應該怎樣度過自己的一生，他想讓自己活得明白一些。

因為不斷思索人生到底是怎麼回事，並且執著地追求問題的答案，所以袁了凡的故事就觸動了他的心弦，他恍然大悟：「啊！原來如此！人生原來是這樣的。前面有什麼樣的命運在等待自己，雖然不清楚，但是在難以捉摸的命運的安排下，在遭遇各種事情的時候，我們卻可以堅持『想好事、做好事』，只要以這種態度來度過自己的人生，不就行了嗎？」

稻盛想通了，一輩子就這麼做了，這才有了他事業的輝煌成功。然而，大多數人認為，人生只是偶然的疊加，我們不相信命運，更不相信因果。這是為什麼呢？

因為人生由命運和因果兩條法則構成，情況有些複雜，既然兩條法則交叉，就可能出現四種情況：

1. 某人想好事、做好事，但當時他命運不濟，所以好的結果一時出不來，不好的命運將做好事的效果抵消了。

2. 某人想壞事、做壞事，但這時他命運正處順境，所以暫時也沒有壞的後果。

3. 某人想壞事、做壞事，而當時他又命處逆境，那麼，兩個壞東西疊加，惡果呈現，他很快倒楣。

4. 某人想好事、做好事，而當時他又紅運高照，那麼，善果出現，他很快飛黃騰達。

情況一複雜，我們就會迷惑，就看不清複雜情況背後的本質。迷惑就會沒有信念，沒有主見，就會人云亦云。人家說這是迷信，說一些貌似有理的、似是而非的話，我們就會隨聲附和。

稻盛不愧為思想家，他透過現象看到了人生的本質，就是說，只要持續想好事、做好事，把做為人應該做的正確的事情，以正確的方式貫徹到底，即使命運不佳的人也會遇到轉機。

相反的，「君子之澤，五世而斬」，運勢再好，也經不起為非作歹的消耗。如果持續想壞事、做壞事，原本命運再好的人，也會陷入困境，甚至身敗名裂。結論就這麼簡潔明快。

按一般人的思維邏輯，稻盛一個對航空業一竅不通的門外漢，一個 78 歲的老頭，退休了 13 年，他根本就不應該去日航，根本不應該去蹚渾水，去的結果只能是玷污自己的晚節。

日本的精英們都持這種觀點，他們認為日本政府選錯了人。他們的說法有道理嗎？當然非常有道理，他們連篇累牘的論證全部符合邏輯，但結果呢？稻盛取得了非同尋常的、卓越的成功。稻盛的深刻和一般人的淺見，就展現在這類根本信念上。

現在很多犯錯誤的人在檢討時，都有一個共同的悔恨：受名譽、地位、金錢、美色的誘惑，人生觀發生動搖，越過底線，做出了荒唐的、違法的事。

這也許說得不錯，但問題是，很多人其實並不知道人生是什麼，因此也不知道什麼是正確的人生觀，他們也並未樹立過這樣的人生觀。所以，袁了凡的故事直到現在，仍有巨大的現實意義。

2005年5月，在稻盛會見我時，我將當時寫的一篇短文呈他一閱。他看過後說，這篇短文論述精彩，完全符合他的思想。我心想，此文就是我學習他的人生觀的心得，符合他的思想，是理所當然的，此文的題目是《兩隻看不見的手》。

稻盛在這次會見我時，居然任命我當日本盛和塾的顧問，還要支付我顧問費，說是給我的「零用錢」。事出意外，讓我驚訝得不知所措。

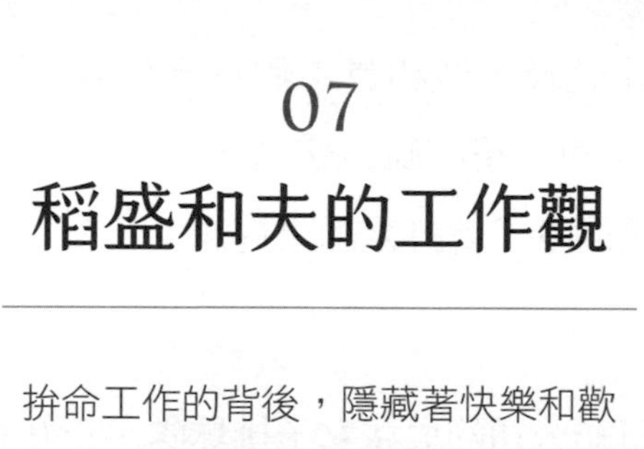

07

稻盛和夫的工作觀

拚命工作的背後，隱藏著快樂和歡喜，正像漫漫長夜結束後，曙光就會到來一樣……

二戰剛結束時，稻盛家極為貧困，但拚命努力求生存，他們覺得生活很充實，並沒有痛苦的感覺；稻盛進松風工業工作，吃睡在實驗室，廢寢忘食，開發了劃時代的新材料，他滿心歡喜。亞當、夏娃因偷吃禁果被逐出伊甸園，被迫接受勞動懲罰的觀念，在稻盛心裡，壓根兒無從產生。

但創立京瓷後，他和員工們每天早晨 8 點上班，夜裡 11 點坐末班電車下班，雖然辛苦，但大家熱情高漲。只不過，員工新婚的妻子會打電話來抱怨：「公司是不是要把我丈夫累死。」

當時，日紡公司的貝塚女子排球隊，正好在教練大松博文的指導下，進行近於瘋狂的訓練。大松發明了轉動式發球器，逼迫運動員向身體的極限挑戰，選手們抗議：「大松教練是不是要把我們累死。」

但在第 18 屆奧運會上，當日本女排決賽時，東京萬人空巷。日本女排為日本奪得了第一面奧運會女排金牌。日本女排所向披靡，創造了連勝 175 場的奇蹟。

稻盛認為，京瓷同日本女排一樣，幹部員工心甘情願，拚命工作，直到極限，「如果稍微有一點私心，如果是為了自己的私利私欲，人不可能努力到這種程度」。

社會輿論譏諷「京都陶瓷」為「狂徒陶瓷」（日語中「京都」與「狂徒」發音相同）。稻盛舉了已被傳為美談的，日本某著名舞者在一次致辭中說的話：「舞尚不足，跳呀跳，想一直跳到那個世界。」

投身於工作的稻盛也同樣是這樣，「事尚不足，幹呀幹，想一直幹到那個世界。」

這為什麼要受到非難呢？在稻盛這裡，工作就是藝術，工作就是最大的樂趣。

稻盛經常提起農夫二宮尊德勤奮勞動的故事。二宮披星戴月，一把鋤頭一把鍬，把一個個貧困的村莊變成了富鄉。在這個過程中，二宮塑造了自己的心靈，他的舉手投足、言談舉止變得高貴典雅，絲毫不亞於豪門貴族。

在稻盛身邊，我也有幸領教了他的工作勁頭。2009 年 6 月 9 日、10 日這兩天，我們請他到北京清華、北大演講，當時他已經 77 歲了。他每天早晨 7 點早餐時，開始談論工作，接著與各出版社負責人開會，會見各路客人，接受記者採訪，午飯後也不休息。因為演講安排在晚上，結束後回到飯店，他餘興未盡，還與我喝啤酒議論到 10 點，全無疲色。

我根本就跟不上他的節奏，有時實在挺不住（當時我患肺炎剛出院不久），跟他打個招呼，我就進飯店的房間休息。我比他年輕 14 歲，我說：「即使沒患肺炎，您這種工作強度我也受不了。」他說，哪怕是京瓷的幹部們一般也跟不上他的節奏，他享受這種工作狀態。

「拚命工作的背後，隱藏著快樂和歡喜，正像漫漫長夜結束後，曙光就會到來一樣。歡樂和幸福總會從辛苦的彼岸露出它優美的身姿，這就是勞動人生的美好。」他說得多好啊！

還有，「『愚直地、認真地、專業地、誠實地』投身於自己的工作，長此以往，人就能很自然地抑制自身的欲望。熱衷於工作，還能鎮住憤怒之心，也會無暇發牢騷。日復一日努力工作，還能一點一點地提升自己的人格。」

也就是說，熱愛勞動，專注於工作，就能戒除貪、嗔、痴，這是他的經驗之談。像這樣的金玉良言，他隨口就來。

我在稻盛身邊聆聽他的教誨，感受他的氣息，接受並努力實踐他的工作觀。在論述工作觀的《幹法》一書的推薦序中，我把熱愛工作的意義歸納為 5 條：

1. 熱愛導致成功；
2. 熱愛燃起激情；
3. 熱愛激發靈感；
4. 熱愛陶冶人格；
5. 熱愛獲得天助。

這是我的經驗之談，感興趣者不妨一讀。

08 稻盛和夫的經營觀

稻盛先生進入破產重建的日航，
他幫日航幹部上了 5 次課，
其中 4 次講的就是經營十二條……

稻盛的經營觀，在《經營十二條》中表達得淋漓盡致。《經營十二條》正在被越來越多的企業家視為經營的寶典，《經營十二條》標題如下。

- 第一條：明確事業的目的和意義——樹立光明正大的、符合大義名分的、崇高的事業目的。

- 第二條：設立具體的目標——所設的目標隨時與員工共有。

- 第三條：胸中懷有強烈的願望——要懷有滲透到潛意識的強烈而持久的願望。

- 第四條：付出不亞於任何人的努力——一步一步、扎扎實實、堅持不懈地做好具體的工作。

- 第五條：銷售最大化、費用最小化——利潤無須強求，量入為出，利潤隨之而來。

- 第六條：定價即經營——定價是主管的職責，價格應定在客戶樂意接受、公司又有盈利的交匯點上。

- 第七條：經營取決於堅強的意志——經營需要洞穿

岩石般的堅強意志。

- **第八條：燃燒的鬥魂**——經營需要強烈的鬥爭心，其程度不亞於任何格鬥。
- **第九條：臨事有勇**——不能有卑怯的舉止。
- **第十條：不斷從事創造性的工作**——明天勝過今天，後天勝過明天，不斷琢磨，不斷改進，精益求精。
- **第十一條：以關懷之心，誠實處事**——買賣是雙方的，生意各方都得利，皆大歡喜。
- **第十二條：保持樂觀向上的態度**——抱著夢想和希望，以坦誠之心處世。

當時日本經濟新聞社出版了《經營十二條》這本書，中國某出版社以空前高價的預付金，取得了該書的中文版權。我翻譯了這本書，並將我翻譯此書時的心得寫進了推薦序，在這裡也供讀者參考。

經營教科書——《經營十二條》的意義

一、經營有規律

海量的資訊，激烈的競爭，日新月異的技術，瞬息萬變的環境，不期而遇的災難，不確定性，不透明性，變幻莫測，混沌迷亂——佛教稱之為「諸行無常，波瀾萬丈」，而企業就在這萬丈波瀾中沉浮。

企業經營複雜紛繁，現象層面上確實如此。然而，稻盛認為，只要抓住驅動現象的原理原則，企業經營其實就很簡單。

稻盛說：「幾十年來，我全身心投入了京瓷和 KDDI 的經營，在這一過程中，我懂得了存在著使事業獲得成功的必需的、普遍性的原理原則，這些原理原則超越了時代和環境的差異。」

這裡的所謂「普遍性的原理原則」，就是經營十二條。

換言之，經營十二條就是正確經營企業的規律。

稻盛先生進入破產重建的日航，他幫日航幹部上了 5 次課，其中 4 次講的就是經營十二條。日航的幹部員工努力理解經營十二條，把這十二條變成自己的東西，在此基礎之上，大家團結一致，付出「不亞於任何人的努力」。

結果，被認為病入膏肓、無可救藥的日航，發生了戲劇性的變化，僅僅一年，就成了全世界最優秀的航空企業，業績在行業內遙遙領先。但有人說，日航奇蹟般的成功，是因為有了稻盛和夫這個人。

巴西有一位日裔經營者，1955 年 13 歲時，他跟隨父母兄長去巴西腹地開荒種地。經過長期的努力，他建起一個農園，但他的農園一直不景氣。後來他聽說聖保羅建立了盛和塾，他搭公車趕去參加學習，單程就要花 18 個小時。接觸到經營十二條，他如獲至寶，拚命實踐的結果，他居然很快變成了「巴西香蕉大王」。

稻盛說：「經營的成敗，取決於經營者的行動。如果經營者認真學習、果斷落實經營十二條，經營者就會變。經營者變，公司的幹部就跟著變，公司的員工再跟著變。這樣只要一年，你的公司就會變成一個高收益、快增長、了不起的優秀企業。」

在盛和塾裡，這樣的企業不勝枚舉。

經營十二條就是拿來就能用、用了就見效的、指導實踐的經營教科書，就觸及經營的本質而言，它勝於任何現存的商業教科書。

二、判斷有基準

稻盛說，經營十二條，立足在「做為人，何謂正確」這一最基本的、具備普遍性的判斷基準之上。

判斷一切事物都有一個簡單的基準，這個基準不是利害得失，而是「做為人，何謂正確」。22 年前，我第一次見到稻盛，他這句話如雷貫耳，深深地震撼了我的靈魂，讓我茅塞頓開。從此，在生活和工作中，包括在傳播稻盛哲學中碰到各種問題時，我都努力實踐這一基準。

如我曾經說過的，我把自己的人生劃分成「稻盛之前」

和「稻盛之後」兩個階段，也就是迷惑和清醒兩個階段。

人如果缺乏判斷基準，就會不自覺地依靠本能判斷事物，這就難免做出錯誤的判斷，導致挫折和失敗。而一旦在心中確立了正確判斷事物所需要的基準，就能臨事不亂，應變無窮，就會產生真正的自信，這才是人生最大的幸福。

三、願望能實現

稻盛說：「經營十二條所有的條文，都滲透著『願望定能實現』這一思想。」這裡的願望，指的是「**滲透到潛意識的強烈而持久的願望**」。

1990 年京瓷併購了美國 10000 多人的電容器大企業 AVX 公司。為了說服 AVX 的美國幹部們接受京瓷哲學，稻盛趕去美國，舉辦學習會，親自給幹部們授課，與他們對話。結果美國的幹部們接受並實踐京瓷哲學，AVX 的業績因此大幅上漲。

當時稻盛講課的內容，在美國出成了一本書—— A Passion for Success，它的日文版是《成功への情熱》，它最早的簡體中文譯本書名是《走向成功的熱情》（現名為《鬥魂》）。

該書的經營哲學部分，正好與英文「PASSION」這個字的 7 個字母相對應：

Profit（利潤）

Ambition（願望）

Sincerity（誠信）

Strength（真正的強大）

Innovation（創新）

Optimism（樂觀）

NeverGiveUp（絕不放棄）

據說當時京瓷的美國總經理把它稱為「經營七條」，稻盛認可了這個說法，自 1990 年 11 月中旬起，稻盛開始在日本盛和塾講解經營七條，而其中第一條就是「胸懷強烈的願望」。

境由心造，人生是心靈的投射，心想事成是宇宙的法則，這些都是稻盛終生不渝的信念。

稻盛提出的「以滲透到潛意識的強烈而持久的願望和熱情，去實現你自己設立的目標」，曾經是京瓷的年度口號。

後來，稻盛又在強烈的願望中，加入了「純粹」兩字。正因為全體員工擁有純粹而強烈的願望，並為實現願望，持續付出不亞於任何人的努力，進行不間斷的改革創新，遠大的目標和人們以為無法實現的願望，才會一個接一個地實現。

四、企業需大義

在這本《經營十二條》中，有 34 項問答，在回答「為什麼大義名分必不可缺」時，稻盛一口氣說了 13 次大義名分。經我查找，2000 年，在中國新疆，稻盛第一次系統地講解了經營十二條。

經營十二條中的第一條：明確事業的目的和意義——樹立光明正大的、符合大義名分的、崇高的事業目的。

在說服 11 名高中學歷的員工留任時，經過三天三夜的煎熬，稻盛毅然放棄了自己「技術發明問世」的創業初衷，確立了京瓷的企業目的：

「在追求全體員工物質和精神兩方面幸福的同時，為人類社會的進步發展做出貢獻。」

這個事業目的中的大義名分，有三層含義。

1. 追求的是包括經營者在內的全體員工的幸福，一個也不漏。不是少數人的幸福，更不是經營者個人的幸福。

2. 是物質和精神兩方面幸福，而不只是物質上的滿足。因為只有在奮鬥中體會工作的價值和人生的意義，人的精神才能成長，才能感受到真正的幸福。

3. 接著就是「為人類社會的進步發展做出貢獻」。這就超越了「國家」這個層次，直接進入了「人類命運共同體」這一崇高的境界。

這是在 62 年之前，時年 29 歲的稻盛和夫確立的企業目的（又稱經營理念）。

稻盛認定，公司後來的一切發展，都不過是貫徹這一正確經營理念的必然結果。

客戶第一、股東第一、個人抱負第一等說法，都有各自的道理，但稻盛卻主張員工第一。因為如果全體員工由衷認同企業目的，從而殫精竭慮，團結一致，拚命努力，就能滿足客戶需求，給股東高回報，給國家多繳稅，同時也能實現創業者個人的抱負。這個道理非常簡單，但是這個關係不能前後顛倒。

縱觀歷史，環顧全球，除了盛和塾的企業，至今全世界居然沒有一家企業，包括赫赫有名的大企業在內，願意或敢於提出與稻盛同樣的企業目的。這是為什麼？

稻盛在他經營的企業，包括京瓷、KDDI 和日航共約 13 萬名的員工中，在相當高的水準上，已經實現了全體員工物質和精神兩方面幸福。這是千百年來全世界的先賢們夢寐以求而從未實現的大同世界的雛形。

把「全體員工」改為「全體國民」，在追求全體國民物質和精神兩方面幸福的同時，為人類社會的進步發展做出貢獻。如果這成為世界各國的國家理念，那麼，人類命運共同體——物質生活和精神理念的共同體——就能夠實現。

這就是拯救人類的哲學，而朝著相反的方向，各國依然一味強調自身的利益，並為此爭鬥不休，人類將沒有未來。

就是這一念之差，其結果卻有天壤之別。既然稻盛做出了榜樣，在他主管的範圍內圓滿地實現了他的理想，為什麼我們就不行呢？

對於《經營十二條》的推薦序，京瓷出版負責人說：「這是只有曹先生才能寫得出的、卓越的推薦序文。」

中方出版社社長說：「曹老師序言文字行雲流水，介紹言簡意賅，概括精義入神，讀來令人神往。」他們都過獎了，我不敢當。推薦序文不過是翻譯過程中，我對於稻盛和夫經營觀的個人感悟而已。

09
稻盛和夫的幸福觀

稻盛認為，幸福是一種主觀的感受，
感覺得到幸福還是感覺不到幸福，
取決於當事人的心靈的狀態……

幸福是什麼？這是一個大眾化的話題，又是一個很哲學的問題。可以說，獲得幸福是人們一切行為的終極目的，但我們怎樣才能獲得真正的幸福呢？

稻盛認為，幸福在很大程度上是一種主觀的感受，感覺得到幸福還是感覺不到幸福，歸根結底，取決於當事人的心靈的狀態。

稻盛創業不久後，就轉變了企業目的，從讓自己的技術發明問世轉變為追求全體員工物質和精神兩方面幸福，並對人類社會的進步發展做出貢獻，也就是為人類整體的幸福做出貢獻。

特別是他在 78 歲高齡時出手拯救日航，讓 32000 名日航員工擺脫了失業的威脅，在把日航變成世界最優秀的航空企業的過程中，員工們獲得了切實的幸福感。稻盛雖然很辛苦，透支了自己的精力，但他覺得自己也很幸福。81 歲退出日航後，他常說，自己是這個世界上最幸福的人。

稻盛在 81 歲時，以「我的幸福論」為題，做了一次演講。演講中，稻盛引用了經濟合作暨發展組織（OECD）在 2013 年有關幸福指數的調查報告。該報告指出，在 36 個發達國家中，日本治安排名第一，教育排名第二，醫療也排名靠前，但幸福指數卻排在第 21 位。也就是說，許多日本人感覺不到幸福。

日本大阪大學曾有一項調查，結論是：當一個人的年收入低於 150 萬日元時，幸福感很低；在 150 萬日元～ 500 萬日元，幸福感提升；到達 500 萬日元之後，幸福感不再提升；在超過 1500 萬日元以後，因為工作壓力增加，幸福感反而下降。

稻盛認為，經濟的繁榮和社會的穩定，能夠給人們帶來幸福。所謂「衣食足而知禮義」，知禮義，懂得尊重和感謝別人，就會產生幸福感。隨著科技的進步和經濟的發展，人們的物質生活水平不斷提高，在衣、食、住、行等各個方面有了很大的改善。

確實，欲望的滿足能讓人產生一時的幸福感，但是人的欲望沒有止境，「人苦不知足，得隴又望蜀」，如果不懂得抑制過度的欲望，不管物質財富多麼豐厚，不管名譽地位多麼顯赫，人還是很難從內心感覺到幸福。所謂「身在福中不知福」，就是這個意思吧。

稻盛認為，幸福的主觀性很強，必須具備一顆能夠感受到幸福的心，人才能感受到幸福。所以問題的關鍵就在於：怎樣才能培育一顆能夠感受到幸福的心？

在演講中，稻盛歸納了三個培育方法。

一、在勤奮工作中培育

稻盛 13 歲時，二戰結束，鹿兒島滿目瘡痍，稻盛家被炸成一片廢墟，家庭經濟極端貧困。但不可思議的是，全家人每天努力工作，拚命求生存，並無不幸的感覺。

稻盛目睹只有小學程度的舅舅，身材瘦小，拖著裝滿蔬菜的大板車，頂著夏天的酷日，迎著冬天的寒風，沿路叫賣。他沒有學問，智慧不足，親戚們瞧不起他，但他卻默默地認真工作，後來經營一家蔬菜商店，非常成功。舅舅那種知足的幸福感，留在了稻盛幼小的心靈裡。

一輩子持續付出，不亞於任何人的努力，樂在其中，從中感受幸福，這是稻盛的切身體驗，是他的幸福觀之一。稻盛說，這個世界並不完美，充滿著矛盾，需要解決的課題不計其數。但如果自己不奮鬥，只從自己之外尋找不幸的原因，一味發洩不滿，就不會有幸福的感覺。懶人絕不可能有真正的幸福感。

稻盛認為，勤奮工作絕不僅僅是獲得生活食糧的手段，更是戰勝欲望、磨煉心志、提升人格的崇高的行為。稻盛強調，不必脫離俗世，工作現場就是精神修煉的場所，每天聚精會神、認真工作，就是最好的修行，就能塑造高尚的人格，就能獲得幸福的人生。

二、在由衷感謝中培育

稻盛 27 歲創立京瓷時，他的感謝之心油然而生：他感謝用自家房產擔保，從銀行貸出流動資金，幫助自己創業的出資人；感謝艱苦奮鬥，拚命努力的員工；感謝接受苛刻條件的供應商；感謝信任京瓷產品的客戶，特別是松下電子，松下電子對於產品品質和價格的嚴格要求，鍛鍊了京瓷，促使後來京瓷的產品風靡矽谷，在美國市場上發揮出壓倒性的競爭優勢，稻盛因此對松下電子感謝萬分。

而那些當時對松下電子的嚴格要求，不但不感謝，反而心生不滿和怨恨的供應商，後來都紛紛垮臺了。

稻盛說，認真想一想，人不可能單獨生存。在空氣、水、食物、家庭、同事，乃至社會這一切的支撐下，自己才能活著。不！與其說自己活著，不如說是周圍的一切「讓自己活著」。但這麼簡單的事實，我們卻常常忘記，只要意識到這一點，生出感謝之心，自己就能感受到幸福。

稻盛說，他每天要說幾十次「謝謝」，「謝謝」二字隨時隨地會脫口而出。有一次，稻盛甚至說，能夠發自內心地說一聲「謝謝」，這本身就是幸福。

三、在虛心反省中培育

稻盛說，在日本經濟高速增長時期，京瓷也順利發展，高收益，高增長，業績突出，受到了社會的高度評價。這時候，「反省」這一意識強烈了起來。

每天起床後、就寢前，他都會面對鏡子，對昨天發生的事情、今天做的事情進行回顧。凡有違背做人良知的行為，都會兀自大聲地、強烈地斥責自己。一是懺悔，「神啊，對不起」；二是感謝，感謝神靈讓自己意識到自己的失言和失態。

稻盛說，自己親眼看到許多成功者因成功而墮落，他們像流星一般，閃爍光芒後迅速隕落。自己之所以沒有墮落，就是因為學會了反省。人在虛心反省中，就能培育起能夠感受到幸福的那顆心。

稻盛說，努力經營，千辛萬苦獲得的利潤，差不多一半透過繳納稅金，由國家進行「再分配」，這才支撐起經濟社會的運行。在日本的 6300 萬就業人口中，三分之二以上的工作職位由企業提供。

也就是說，創造財富，向人們提供生活食糧的，基本上就是企業。充分認識自己的使命，發揮力量和智慧，拿出勇氣克服經營中的各種困難，履行自己的責任，在這種「行大善」的過程中，我們會感到喜悅和滿足，而這就是經營者至高無上的幸福。

「無私利他」是稻盛的哲學，更可貴的是，他終其一生實踐不止。為員工物質和精神兩方面幸福、為人類社會幸福做出貢獻的經營理念，設立京都獎、創辦盛和塾、第二電電上市自己不持股份、零薪出任日航會長……等，不勝枚舉。

稻盛說：「為社會、為世人盡力，是人最高貴的行為。」到了晚年，稻盛常說，「自己是這個世界上最幸福的人。」稻盛在行大善的過程中，在無私奉獻中感受到了至高無上的幸福。

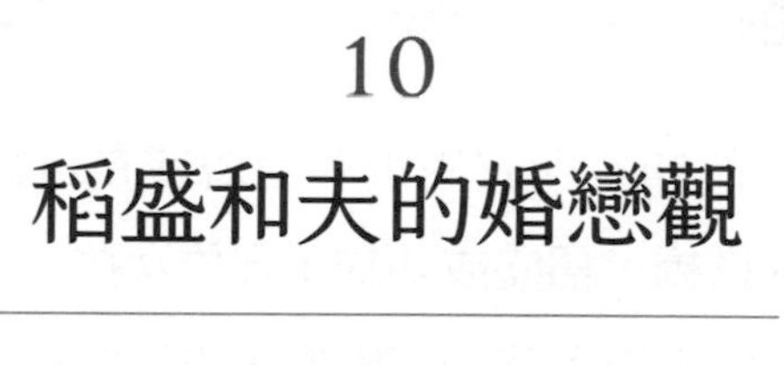

10
稻盛和夫的婚戀觀

看見美麗優雅的女性不動心是很難的事，但此時便是修行時，欣賞無妨，卻不可讓自己的占有欲抬頭……

稻盛考進鹿兒島大學，學習很用功，為了賺取學費，稻盛在一家百貨公司找了個夜班警衛的工作。但畢竟生活單調，人生最美好的青春，就這麼一天天地消逝，稻盛心有不甘，他想，趁著年輕，能談個戀愛多好啊！一次，在百貨公司巡視各家商鋪，邊走邊瞧時，他發現一位氣質出眾的女孩，稻盛對她有一見鍾情之感。

正好稻盛的知心朋友川上有個親戚在這家商店工作，由該親戚牽線搭橋，稻盛成功約了那位女孩。兩人一起邀請女孩看電影，電影散了又一起吃飯，再送女孩回家，在這期間，川上一直陪著。「這個川上怎麼如此不識趣呢，不給我們二人空間，我這戀愛怎麼談啊！」

終於在一天晚上，稻盛與女孩有了單獨相處的時間，女孩卻告訴他：「我要去東京結婚了，嫁給一個在郵局工作的人。」

稻盛的初戀就這麼戛然而止。說是初戀，其實只是他的單相思罷了，不過這短暫而美好的戀情，卻留在稻盛的記憶裡，終生難忘。

在松風工業，稻盛成功開發了新材料、新產品，並領導一個車間，組織生產，忙得不可開交。由於企業沒有食堂，稻盛只好晚上去買菜，一早起來準備三餐，浪費時間不說，伙食之簡單也可想而知，還常常有一頓沒一頓的。

後來在午飯時，稻盛發現自己的桌上放著豐盛的盒飯，拿來便吃。幾次後，發現是自己的助手須永朝子所做。稻盛問她為什麼，朝子說：「看你忙成這樣，還吃不到飯，好可憐！」稻盛實在忙不過來，於是應朝子母親之邀，稻盛乾脆每天都到離公司不遠的朝子家蹭飯。

朝子親切的招待和細緻的關懷，感動了稻盛。由於稻盛因堅持正義，遭受打擊，一時陷於孤立，然而稻盛決定，哪怕懸崖峭壁也要垂直攀登。

稻盛問朝子，關鍵時刻，她是否願意拉自己一把，朝子點頭允諾。這使稻盛更加感動，兩人雖然難有花前月下浪漫的機會，但因為志同道合，早已心心相印。

稻盛在從松風工業正式辭職後的第二天，便與朝子舉辦了婚禮，稻盛沒有出一分錢的聘禮。雙方家屬和京瓷的幾位創辦人參加了結婚儀式，儀式結束後，兩人去鹿兒島旅遊一週，算是蜜月旅行。

朝子不算漂亮，也不化妝打扮，又沉默少語，但的確是稻盛的好幫手。稻盛創辦公司後，幹部們常來稻盛家聚餐，朝子忙裡忙外的，從不抱怨。

稻盛一向公私分明，但有一次想讓朝子搭他的順風車上街，朝子卻說，搭乘公司的車屬於公私不分，這讓稻盛頓覺慚愧。

後來稻盛的事業越做越大，三個女兒的培養與教育，都是由朝子一肩挑起的。每逢稻盛出差，比如出去一週，朝子會將 7 天的替換衣褲按日分開，裝進稻盛的行李箱。

稻盛 78 歲赴任日航時，朝子也已 76 歲了，稻盛後來才知道，朝子曾去醫生處，希望至少在稻盛任職日航的 3 年中，設法讓自己也能保持健康，不致分散稻盛的精力。

稻盛覺得自己這一輩子特別幸福，85 歲了還喜不自禁，脫口而出說一句：「母親，謝謝您！」後來，他感謝的對象又變成了妻子。

在盛和塾的塾長例會，特別是懇親會上，塾長和塾生之間不僅談經營，也談人生，談人生中的各種問題。有一次，有位塾生談到自己有婚外情的問題，這時就有塾生問稻盛：「塾長，您這輩子有沒有外遇？」稻盛說：「沒有沒有，我真的沒有。」「我拚命地、拚命地抑制自己的欲望。」

稻盛少年大成，一表人才，魅力四射，年輕漂亮的女孩自然會主動靠近他。稻盛說：「看見美麗優雅的女性不動心，是很難的事。愛美之心人皆有之，這是很自然的。但此時便是修行時，欣賞無妨，卻不可讓自己的占有欲抬頭。」

稻盛 40 歲前後，在美國波士頓曾有過一次「豔遇」。當稻盛帶著部長 N 從芝加哥飛抵波士頓機場時已是深夜，時值隆冬，天寒地凍，雪下得緊。專務 M 一身厚裝開車前來接機，三人都盼著趕快到飯店，喝一杯熱酒後鑽進被窩。

稻盛打著寒顫等著 M 把車開過來。此時，一位金髮碧眼、器宇不凡的妙齡女郎走近稻盛說：「對不起，沒有及時約好計程車，能不能順路送我一程，只要帶到可以搭車的地方就行。」

日本諺語說「窮鳥入懷，獵人不殺」，何況是一絕世美人。稻盛說：「當然可以。」

當 M 開車過來，見多了一人，開玩笑說，社長從哪裡撿來一個尤物。N 亦非好色之徒，卻羨慕社長總有桃花運。M 和 N 坐前排，稻盛與美女坐後排。美女連聲感謝，說自己好運，遇到了好人。又問起稻盛來美國是幹什麼的，得知稻盛的事業後，她又連連讚歎，見稻盛一副羞澀的模樣，就越發親近。

她指揮 M 或拐彎或直行，M 嘟囔著說：「我這個沒有計程車執照的司機，開車挺緊張的。」兜兜轉轉了 40 分鐘才把她送到家。再三道謝後，她說以後去京都時一定拜訪。這位女郎懇切致禮後下車，寒冬中洋溢著溫暖的氣息。稻盛說，做善事不求回報，很好啊。

除工作中嚴厲的一面外，稻盛還會害羞，又慈悲為懷，難怪大家喜歡他，尊敬他，敬畏他。在兩性關係上，像稻盛這樣「從一而終」的人，即使在著名的企業家中，或許可以稱得上是鳳毛麟角吧。

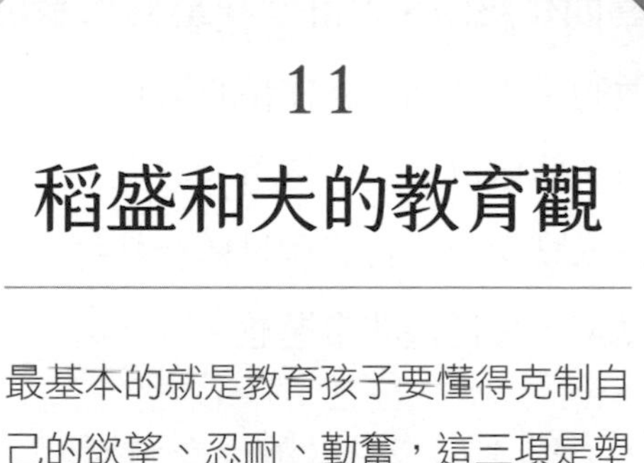

11 稻盛和夫的教育觀

最基本的就是教育孩子要懂得克制自己的欲望、忍耐、勤奮，這三項是塑造我們心靈必不可少的……

「在學校裡應該學什麼？」在寫給青少年的《你的夢想一定能實現》一書中，稻盛提出三條：「**學習創造性，學會勤奮，學會正確地做人。**」這三條雖然簡單明瞭，卻是稻盛教育觀的精髓。

稻盛小學四年級時，老師交代暑假作業，要求大家做一樣自己想做的手工製品。稻盛精心製作了一個測量樹高和山高的測量儀。他自以為是一個重大發明，但在教室做展示時，因為黏在三腳架上的竹筒測量儀突然掉落在地上，引起同學們一陣爆笑，令稻盛非常尷尬。

這時候，老師不但沒有鼓勵，沒有安慰，反而像追打落水狗似的訓斥道：「你是傻瓜啊，這樣的東西能測高度嗎？」把稻盛的得意之作粗暴地否定了。創造性的萌芽遭到扼殺，這種給小孩的熱情潑冷水，破壞孩子的自由想像，打擊孩子自發的創造性的教育現象，在當時很普遍。

戰後，日本的教育視道德為禁忌，一提道德教育，似乎不是專制就是偽善，「道德」二字幾乎成為「禁語」。本來教育是需要教師全心投入的神聖事業，教師是人類靈魂的工程師。但這樣的理念被輕易顛覆，日本教師工會（日教組）

視教育為出售知識的商業行為，視教師為出賣勞動時間獲得報酬的工薪者，同產業工會一樣，教師工會也一味鼓吹縮短工作時間，提高工資收入。

但是，道德是人類幾千年智慧的結晶，在日本否定忠君愛國的同時，道德本身也成了被排斥的議題，這就等於「把髒水和孩子一起潑了出去」。

一旦教育抽去了道德這個靈魂，亂象叢生就成了必然，其結果就是學生價值觀混亂，青少年犯罪現象快速增加，未成年人犯下的凶殺案件連續發生，甚至弑父、弑母等過去不可思議的事件也見於報端。學校裡欺凌行為時常發生，受欺負的孩子不敢上學甚至自殺的事件，也每年都有發生。

另外，有的孩子稍微遇到不順心的事就馬上產生挫折感，並把自己的生命當作自己的個人所有物，或者自殺，或者自閉。他們認為選擇怎樣的人生，是他們自己的自由。

稻盛認為，家長對自己子女以及老師對學生道德教育的懈怠，不僅是因為戰爭的後遺症，即對戰時道德的罪惡感，還因為在戰後教育中，將「教育不可強制」這種漂亮話當作金科玉律，認為強制性教育將剝奪孩子們的自主性和創造性。

稻盛說：「但道德、教養，不靠他人帶強制性的教育培訓，而靠小孩自己思考、自己領悟、自己塑造，那是不可能的。看看動物世界吧，什麼可以做，什麼不可以做，一切行為都由動物家長所教，為此牠們不惜咬痛牠們的孩子。『獅子把自己的孩子推下千丈谷底，只有能獨自爬上來的小獅子，才予養育。』所謂道德，就是做人應有的姿態，什麼可以做，什麼不可以做，這本來就該由父母來教，哪怕帶著強制性。」

有一次，某記者問稻盛一個問題：「有幾個年輕人被小孩子問到，『為什麼殺人是不對的？』那些年輕人不知該如何回答這個問題，於是絞盡腦汁找了個理由解釋說，牛和豬是食材，是為了讓人生存下去的食物，所以殺牛、殺豬是沒有問題的。可是人不能吃人，所以殺人是不對的。請問稻盛先生，您對這種解釋有什麼看法？」

稻盛說：「我被如此蠢不可及的解釋給氣得怒火沖天。這些年輕人個個都是高學歷，頭腦聰明，因此才會認為不找個理由就沒法說服那些小孩子。可是這種問題哪裡需要什麼理由，不能殺人這根本就是天經地義的事情嘛！」

不可殺人、不可偷盜、不可騙人、不可損人利己，這些做人的倫理道德天經地義，難道還需要複雜的理論解釋嗎？

稻盛說：「在明治、大正時代，昭和初期以及二戰後的一個時期內，日本很貧困，即使小孩也得幹活，否則就難以維持一家的生活。因為是小孩，難免要玩耍、會調皮，但只要父母一聲斥責，要他們幫著做事，他們就會賣力。

「在這過程中，孩子們學會了克制自己欲望──這也可稱為『持戒』吧。「因為必須幹活，所以懂得了『精進』的重要性。要忍耐，這與『忍辱』相通。這三項磨煉了孩子們的心志。不得不勞動，學會克制欲望，加上忍耐，這三項往往促使貧困家庭出身的孩子取得成功。

「孩子的心靈之所以荒廢，就是因為我們忽視了這三項塑造心靈的作業。針對青少年問題，首先要考慮『為了塑造孩子們美好的心靈，應該做什麼』。最基本的就是教育孩子要懂得『克制自己的欲望、忍耐、勤奮，這三項是塑造我們心靈必不可少的』。」

在談到學會忍耐時，稻盛進一步說：「應該讓孩子明白，這個世界是多變的，安穩的時代不會一直持續下去，我們會遇到經濟低迷的時代，也會經歷找不到工作、對自己的未來感到絕望的時期。家庭也是一樣，會出現各種各樣的問題。子女和父母之間有時會發生衝突，夫妻也有可能分居或離婚，父母的生意也有可能破產倒閉。

「總之，任何事情都有可能發生，我們必須讓孩子們明白，這就是我們的世界，這就是我們的人生，但是在任何情況下，我們都要勇敢地走下去，這也是我們人之所以為人的責任和義務。」

稻盛懷念在少年時代的「鄉中教育」中接受的「不騙人，不凌弱，不服輸」的教育。在談到家庭教育時，稻盛語重心長地說，他的父母只有小學程度，沒有多少學問，更沒學過什麼教育學，一切都是心的教育。

母親常對孩子們說：「我知道你們都不是幹壞事的壞孩子，但是無論什麼人，獨處的時候是最危險的，因為這時候，你什麼都可以想、什麼都可以幹，以為別人都不知道，所以必須特別注意。要知道，天地神佛無時無刻不在看著你，所以無論人前人後都要正直。在獨處時，在煩惱困頓時，在準備行動時，都要反覆對自己說，天在看你！天在看你！」

稻盛說：「母親的教誨深入了我的骨髓，真的不可思議，哪怕是在我一個人獨處的時候，我也不想壞事，不做壞事。」

雖然我們是人類，但我們終究是一種動物，在不教給孩子做人的基本準則的前提下，甚至在兒童階段就提倡「尊重自主性」、「不能灌輸思想，要讓小孩自發學習」，孩子會走向哪裡呢？

教育有兩種偏差，一種是填鴨式教育，死記硬背，分數至上，抑制甚至扼殺孩子的好奇和創造的衝動；另一種就是基本的道德教育的缺失，或者以統治者錯誤的政治教育替代起碼的為人之道的教育，當年日本政府強制灌輸的所謂「忠君愛國」教育，就是這種偏差。

在物質變得富裕的社會裡，教育學生學習創造性，學會勤奮，還要學會正確地做人，似乎變得困難起來。稻盛說，在這種情況下，從理性上教育孩子們懂得這些道理，就更加重要了。作為理性的經典，我想為大家推薦稻盛下述精妙絕倫的人生方程式。

人生．工作結果＝思維方式 × 努力 × 能力

-100~100 ×0~100×0~100

我想，這個方程式應該讓小學生、中學生乃至大學生都理解，哪怕小學生、中學生對這個方程式的含義一時難以理解，但讓他們從小就知道存在著這個方程式，讓他們知道自己的想法（思維方式）有正負，並由此帶來人生結果的正負，對於他們的健康成長來說，是極為重要的。

這個方程式不只適用於學校教育，我想，如果這個方程式成為整個教育的中心主軸，家長用它來教育子女，老師用它來教育學生，上司用它來教育下屬，而教育者言傳身教，自己做好表率，那麼我們的社會一定會出現新氣象，一定會變得更加美好。

12

稻盛和夫的善惡觀

上天給了我們維持生存所需要的本能欲望，又給了我們自由。而過頭的欲望就是貪、嗔、痴……

九〇年代，稻盛在某週刊雜誌上讀到一則報導，是關於一位 19 歲的少年殺了某公司董事一家四口的事件。最後他被捕並被判處死刑。在判刑前，當他的辯護律師會見他時，他面帶笑容，說話頗有禮貌，與普通男孩沒有兩樣，而且腦子轉得特別快。

當時有位記者評論說，這個少年犯罪時還不足 20 歲，誤認為未成年人無論犯下多大罪行，都不會被判死刑，只要去少年教養院接受教育就解決了。如果他學習過相關的法律，這件事也許根本就不會發生。

但稻盛認為，少年應該知道的不是法律，而是人之所以為人的道德和倫理。稻盛認為，人用利他之心幫助他人就是為善，就能成佛。相反的，任憑本能自由行動去害人的話，就是作惡，就難免成魔。

造物主為了讓人守護自己的肉體，授予了人「本能」，同時又賜予人「自由」。自由是人類進步的動力，但濫用自由，為所欲為，人就會變成極惡非道的魔鬼。

有關「人性本善」還是「人性本惡」的問題，中國的聖賢們爭論了兩千多年，至今眾說紛紜，稻盛也關注並思考這個問題。有一次稻盛突發疑問：為什麼上天會製造出惡呢？這個疑問在他腦中長久地揮之不去。

某天，他又忽來靈感：所謂惡，難道不是我們自己製造出來的嗎？上天給了我們維持生存所需要的本能欲望，同時又給了我們自由。而過頭的欲望就是貪、嗔、痴，佛教稱之為三毒。三毒加自由，人就可能作惡。

也就是說，人為了滿足自己的欲望，擴展自己的自由，就不惜壓制他人的欲望，剝奪他人的自由，將這樣的想法付諸行動，就是作惡。

稻盛認為，善與惡在每個人的心中同時存在，但人有選擇善惡的自由。選擇善並付諸行動，就是為善；選擇惡並付諸行動，就是作惡。善惡是選擇的結果，比如一把菜刀，用來切菜很好，用來殺人就是惡了，當然正當防衛是例外。也就是說，善惡是自己自由選擇的結果，並非「人性本來就善」或「人性本來就惡」。

稻盛認為，雖說善和惡，或者說良心和私心、利他心和利己心，在每個人的心中同時存在，雖說人有選擇的自由，但人在無意識的狀態下，出於自我保護的本能，出於條件反射，首先考慮的，往往是對自己是否有利、自己是否安全、是否吃虧、是否有風險，也就是說，以自己的利害得失作為判斷的基準。這就容易做出錯誤的判斷，因為對自己有利，未必對對方有利，未必對團隊或社會有利，這就會製造出矛盾和紛爭。所以，為了做出正確的判斷，就需要正確判斷所必需的判斷基準。

稻盛認為，人有肉體，肉體具備本能的欲望，欲望需要得到滿足，這是自然現象，無所謂善惡。雖然欲望本身無善無惡，但欲望過度，不加抑制，就會作惡，結果害人害己。而人的欲望在一定條件下，很容易膨脹，很容易過度。

稻盛認為，善惡會轉化，原本善占上風的人，一旦傲慢或一旦消沉，惡就會升起，占據上風。相反的，原本惡占上風的人，由於某種機緣，幡然醒悟，就會改惡從善，甚至成哲成聖。

稻盛認為，作為組織和社會的管理手段，基於人性惡的一面，需要建立遏制惡的制度、法律法規，同時這些制度和法律法規需要公開透明，需要公眾監督，需要多重確認，並付諸實行。

但制度、法律法規難免百密一疏，而實際情況總是複雜的，是會變化的，所以如果不喚醒人心中的良知和真善美，特別是領導者不以身作則的話，那麼組織和社會仍會陷入混亂。

當人們都謀求自身利益最大化的時候，鑽制度、法律法規的漏洞，就會成為必然；制定制度和違反制度，就會成為一場智力的競賽。所以稻盛提出「做為人，何謂正確」的判斷事物的基準，並將其作為他的哲學的「原點」。

稻盛認為，人的本質是「愛、真誠與和諧」，是「真善美」。也就是說，人的欲望雖然容易過度，私欲雖然有時猖狂，這個「心中賊」雖然難破，但它卻不是人的本質特點。

人的本質特點是真善美，是良知。正因為稻盛相信日航32000 名員工與自己有同樣的良知，相信以自己的良知能夠喚醒眾人的良知，他才出任日航會長，並與大家共同努力，使日航重建迅速成功。

在談到善惡問題時，稻盛經常強調，「大善似無情，小善乃大惡」。他還講了下面一個故事。

在一個北國的湖畔，住著一位心地善良的老人。每年有大雁成群飛到湖邊過冬，老人總是向湖裡的大雁餵食，大雁們就聚集到湖邊來高興地吃。年復一年，老人都堅持餵養大雁，大雁也習慣性地依賴老人餵的東西過冬。

有一年，雁群又飛到湖裡，像往常一樣，牠們為了食物聚到了湖畔，但是老人卻沒有來。大雁們仍然每天聚到湖邊痴痴等待，可是老人始終沒有出現，原來老人已經死了。

那一年正值寒流襲來，湖水都凍結了，只會依傍老人而忘記了自己覓食的大雁，不久也都餓死了。

13

稻盛和夫的國際觀

稻盛認為，缺乏跳躍性思考的日本人，需要將自己固有改良改進的特質發揚光大，使技術更加卓越……

稻盛和夫的國際觀，首先是對美國的認識。在日本戰敗、美軍進駐日本之前，13 歲的稻盛接受的是所謂愛國主義的國粹教育，認為日本是神國，美國是「鬼畜」國家。但美國占領日本，嶄新的價值觀給日本社會帶來了巨大的衝擊，稻盛滿懷期待。

稻盛創業後不久，就闖蕩美國推銷產品，他感覺美國企業與保守的、派閥嚴重的日本企業不同，只要產品有特色，在價格、品質方面具備競爭力，就能獲得美國客戶的青睞，與企業的歷史、名氣、門第無關。進入商業談判，美國人直截了當，沒有前置的客套話，直擊問題的本質，一切都講規則和效率，用最短路徑處理問題。但商談一結束，他們就會熱情款待，甚至談論與生意完全無關的話題，充滿人情味。

美國人直率、平等、自由奔放的性格，與稻盛的個性頗為相投。這種西方文明的活力，讓初到美國的稻盛覺得非常新鮮。稻盛也獲得了大量訂單，美國有名的仙童公司[6]、

註 6：快捷半導體（Fairchild Semiconductor），又稱仙童公司，是美國的一家半導體設計與製造公司，總部設在桑尼維爾。曾開發世界上第一款商用積體電路，英特爾、AMD 等的創辦人都來自此公司，在矽谷的發展史上有重要的位置。

德州儀器公司和 IBM 等，先後都給了京瓷大量訂單，稻盛「出口轉內銷」的戰略十分奏效。

八、九〇年代，日本模仿美國的原創產品，在家電、汽車等許多領域，以產品價廉物美的優勢，暴風雨般傾銷歐美市場，不斷擴展市場占有率。日方企業只顧自己的利益，讓當地原有廠商無法生存。美國的貿易赤字迅速上升，日美貿易摩擦日趨嚴重，兩國政府間展開種種博弈。

稻盛認為，不管美國有怎樣的全球戰略，二戰後，美國給處於廢墟中的日本提供糧食，特別是後來向日本開放市場，促使日本戰後平穩轉型，成為發達國家，日本理應感謝。稻盛從體諒對方、利他互利的精神出發，倡議並籌畫設立了「日美 21 世紀委員會」，從 1996 年 11 月開始到 1998 年 5 月結束，展開了卓有成效的工作。

稻盛對歐美，特別是美國的創新精神讚不絕口。和諾貝爾獎一樣，在京都獎的獲獎者中，美國人占了壓倒性的比例。美國文化包容天才，包容天才的異想天開，所以美國能夠改變世界的、劃時代的發明創造層出不窮。

稻盛分析說，日本民族屬於農耕民族，農業耕作靠個人單槍匹馬很難完成，所以需要以村落為單位的共同作業和團隊精神；而歐美民族是所謂的狩獵民族，他們在追殺獵物的過程中，需要單獨行動，需要跳躍性思考。

稻盛認為，缺乏跳躍性思考的日本人，需要將自己固有的改良改進的特質發揚光大，使技術更加卓越，產品更加精湛。

稻盛還認為，像美國這種徹底奉行個人主義的國家，人們難免陷入深刻的孤獨，美國人熱衷於舉辦家庭派對，就是為了尋求相互間的聯繫。因為心存煩惱的人非常多，又苦於沒有傾訴的對象，所以許多人跑到心理學家那裡接受指導。另外，還有很多美國人，每週都會去教堂。

對美國國內的貧富懸殊，對美國在國際上的霸權主義，以及「在民族和文化完全不同的人們身上強加美國的價值觀」，稻盛保持清醒頭腦，持批判態度。

對 2008 年發端於美國的世界性金融危機，稻盛深刻地鞭笞說：「這場危機表面上是虛擬經濟，是金融衍生產品搞過了頭，但事情的本質是貪得無厭的資本家，為了滿足自己的欲望，不擇手段地追求利潤最大化，是失控的資本主義的暴走狂奔。」

在金融危機期間，我們邀請稻盛來北京清華及北大演講，在演講結束後的問答時間，有一位學員提問：「現在美國的谷歌比日本的京瓷發展得更快，我們中國企業應該向谷歌學習，還是應該向你們京瓷學習？」

稻盛的回答充滿智慧：「在管理方法上，在發展模式上，應該向富有創造性的美國學。但是，金融危機也是從美國發源的，其中充滿了虛假。因此，經營的方式方法雖然應該向美國學習，但經營的根本思想及經營的哲學，應該向中國的聖賢學習。」

稻盛熱情歡迎、積極支持中國改革開放，鑒於對西方現代資本主義的失望，稻盛對中國未來的發展前景抱著殷切的期待，但他也關注到了中國發展進程中出現的一些問題。2004 年 4 月 6 日，在中共中央黨校的演講中，他強調了無私的極端重要性，他期望中國在變成經濟、軍事大國後，仍然能夠與周邊國家友好相處。

稻盛的國際觀同樣基於他的利他哲學，他抨擊日本政治家的「國益論」，稻盛的話尖銳而又深刻：

> 我以為，「國家」的存在本身就帶來了人類的傲慢。不論大國還是小國，不論發達國家還是發展中國家，大家都在維護自己的「國益」。
>
> 所謂「國益」，實質上是「以國家為單位的私利」，各國為爭奪自己的私利而陷入傲慢。各國只主張自己的「國益」，當然會發生衝突，局部衝突不斷加劇，在核擴散難以遏制的今天，還可能誘發核戰爭。
>
> 為了防止此類悲劇的發生，我們都必須恢復謙虛的態度。在這個小小的地球上，如果各國一味強調自己國家的利益，人類將無法生存下去。抱著「利他之心」，考慮人類全體的利益，國際社會必須建立起能夠持續和平繁榮的鄰居式的友好關係。
>
> 在自然界，在這個狹小的地球上，動植物都在共生共存，只有人類製造出國家，決定了國境，主張自己的國益，計較自己的得失。人類必須向自然界學習，重新回歸謙虛和虔敬。

看看今天的世界，不能不佩服稻盛的洞察之明，稻盛說得多麼準確，多麼中肯啊！

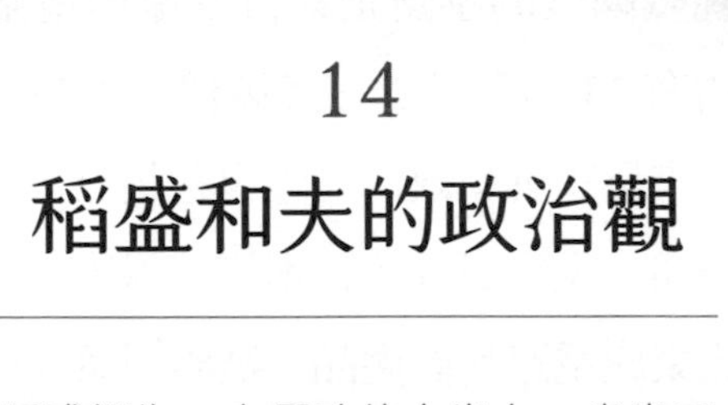

14
稻盛和夫的政治觀

稻盛認為，在國政的大堂上，堂堂正正從事政治活動，與行天地自然之道一樣，不可夾雜半點私心……

稻盛創立京瓷時的產品是新型精密陶瓷，這是充分市場化的產品，特別是核心產品「陶瓷半導體封裝」主要出口美國，所以與政治無關。但是，在 1984 年創立第二電電，參與國家級的通信事業時，稻盛就無法迴避政治了。

首先，挑戰國營的壟斷企業日本電信電話公司就困難重重，該公司有 33 萬名員工，背後代表工會的政治勢力相當強大。在本來是質詢執政黨的國會會議上，某政黨代表居然攻擊京瓷公司，說它違反了日本的武器出口三原則，原因是京瓷生產的集成電路封裝產品，被應用於美國的戰斧巡弋飛彈上。

稻盛將這種說法斥為「流言」，這位政治家惱羞成怒，抓住陶瓷膝關節產品沒有及時申報的瑕疵，對京瓷大肆攻擊，媒體也大造輿論聲勢，連篇累牘，不依不饒，弄得稻盛一時頭痛欲裂，這讓他領教了政治的厲害。你不關心政治，但政治會找上門來。

創立第二電電後，一直到合併以豐田為首的日本高速通信，成立 KDDI 之前，稻盛任用了曾在日本政府（郵電省）任高官的森山先生當總經理。森山先生長袖善舞，在幫助稻盛協調與政府各部門的關係時，發揮了關鍵的作用。

1990 年年底，日本政府邀請稻盛出任「第三次臨時行政改革推進審議會」的「世界中的日本」部會的會長，任職 3 年。在這過程中，稻盛與日本政府的各個部門打交道，對日本政治的運作有了深入瞭解的機會。

稻盛對日本政府官僚主義的刻畫，可謂入木三分。

- **死不認錯**：「在官僚的世界裡，犯錯可以，認錯卻是禁忌。」「本來，不隱瞞錯誤，公開承認，認真反思，才能進步。但這樣的常識，在官僚的世界裡卻是行不通的。」
- **大人意識**：「日本官員們認為，是自己建立並守護著這個國家。考慮國家大事的人，眼裡除自己之外別無他人，也不應該有他人。」「在官看來，民從一到十，事無巨細，都必須監視、指導或照料。他們認為，給民自由，民就會亂來，官對民抱有不信任感，『民可使由之，不可使知之』。」
- **官本位**：日本政府是「屬於官的、由官主導的、為官服務的政府」。政府系統中，科的利益優先於局，局的利益優先於省，省的利益優先於國。甚至到了「有局無省、有省無國」的地步。

- 言論管制：「立場不同意見也不同，這本是理所當然的事。在相互尊重對方立場的基礎上，堂堂正正地展開辯論，這才是民主主義的規則，但在官僚的世界裡，連這一點也做不到。」

- 敷衍塞責：「官員口中的『我們研究研究』，與『什麼都不做』是同義詞。」

- 組織僵化：作為個人，不少官員頗有見識，人格優秀，官員隊伍是一個人才寶庫，但是，「一旦代表組織開口說話，他們那種僵硬，那種頑固不化，有時會驚得我目瞪口呆」。

稻盛先生的這些說法，也驚得我目瞪口呆。

在日本，支持民主黨挑戰長期執政的自民黨的企業家寥寥無幾。稻盛之所以支持民主黨，主要是因為自民黨執政60年，已經相當腐敗。他認為政黨間的競爭，是政治進步的動力。但民主黨上臺後，由於缺乏政治經驗等因素，不久又黯然下臺，稻盛也由此淡出了政治舞臺。

但是民主黨執政初期，就遇到日航破產重建的巨大考驗。民主黨在日本經濟界缺乏人脈，只能請求稻盛出山。稻盛一再拒絕，但禁不住民主黨政府和有關機構的反覆懇求，考慮到日航重建的三條大義，稻盛以 78 歲的高齡出任日航會長，用他的哲學成功重建日航，這也成為世界企業經營史上絕無僅有的經典案例。

如果當時仍是自民黨執政，他們未必會邀請稻盛，即使邀請了，稻盛也未必願意。我想，這可以說也是一種政治的因緣吧。

稻盛認為，從事政治活動乃是替天行道，政治領導者不可以有任何私心雜念。他強調：「在國政的大堂上，堂堂正正從事政治活動，與行天地自然之道一樣，不可夾雜半點私心。無論遇到什麼情況，必須保持公平之心，走光明大道，廣納賢才，讓忠實履行職務的人執掌政權。這樣做就是替天行道。同時，一旦發現比自己更能勝任的人物，就應該立即讓賢。」

「不惜命、不求名、不謀官位、不圖金錢的人物，不好對付。但不同此等人物患難與共，則國家大事也難成。」

「包括自己的生命在內，只有能夠拋棄私心的人才能成就大事——我堅信，成為領袖的條件就在於克己奉公。」

15 稻盛和夫的科學觀

我們人類生活的這個文明社會，可以說都是由科學技術帶來的，同時，資本主義構築了人類社會的繁榮……

稻盛是科學家出身，年輕時就有重大的發明，他和他的團隊創造了「又一個新石器時代」。稻盛說自己具備「科學之心」，凡事講究合理性。事實上，稻盛講的理論，不僅邏輯上沒有任何矛盾，而且在實踐中，比如在精密陶瓷的生產中，京瓷不但做到了廢品率為零，而且做到了原材料損失率為零，令人歎為觀止。

但稻盛同時又強調科學的局限性。稻盛先生認為，所謂「科學」，實際上，不過是針對物質文明而言的科學，而精神科學，即對於意識和心的研究，還遠遠不夠。

「科學甚至不能解釋麻醉的機制。」即使是已被科學證明的真理，隨著科學的發展也可能被否定。因此所謂科學，不過是在現階段的認知範圍內的事實，它既不可能正確地解釋一切事物，也不代表唯一的真實。

稻盛強調「意識」的重要性，意識屬於哲學範疇。在稻盛與科學家爭論達爾文進化論時，稻盛以昆蟲的擬態為例，分析有的昆蟲看起來酷似枯葉或樹枝的原因。科學家認為，昆蟲由於變異，產生各種不同的個體，其中最適應環境的品種生存下來。

稻盛提出了疑問，變異亦未必使昆蟲變得像枯葉或樹枝，即使像，為什麼能像到那種程度呢？科學家說，在超乎想像的漫長的時間和廣闊的空間中，這樣的變異是可能的。但稻盛卻認為，昆蟲面對天敵，生命懸於一線，出於求生的強烈欲望和意念，牠們希望自己能偽裝成枯葉或樹枝，作為自救的方法，正是昆蟲這種求生的意識，才促進了 DNA 的變異。

暴飲暴食可能導致胃潰瘍，但「焦慮」這一意識，也會減弱胃壁細胞對胃酸的抵抗力，導致胃潰瘍，這也是事實。

稻盛依據自己從事發明創造的切身經歷說明，正是自己無論如何必須成功的意識，促使靈感產生，結果自己創造了新事物。

這證明發明創造本身就是意識的產物。

稻盛說：「所謂發明、發現，只有在被證實以後才成為科學；在這以前，它屬於哲學的範疇。」我認為，這是有關科學與哲學關係的精闢絕倫的斷語。

稻盛批評道：「現代社會只重視科學，只習慣於用科學去解釋事物。但為了人類變得更好，為了建立更理想的社會，我們應該具備怎樣的思維方式，應該建立什麼樣的哲學規範，這麼重大的問題卻無人問津。把是否符合科學作為第一原則，僅僅局限在這一框架內思考問題，事實上是行不通的。」

2013 年 2 月 26 日，稻盛先生在和我們開完北京公司的董事會會議後，招待我們用晚餐。席間，我請教稻盛先生這麼一個問題：「對人類社會、對推動人類文明發展，影響最大的是科學、哲學和宗教。稻盛先生是科學家出身，又基於科學實驗發明的新材料、新產品，創辦了企業，成了著名的企業家，同時稻盛先生又是哲學家，還對宗教有很深的研究，65 歲後皈依了佛門。在您看來，科學、哲學和宗教這三者之間是什麼關係？」

稻盛先生的回答一針見血。他說：「現在我們人類生活的這個文明社會，可以說都是由科學技術帶來的，同時，勃興的資本主義構築了人類社會的繁榮。也就是說，科學技術的發展創造了燦爛的文明，同時，作為一種社會經濟體系，資本主義發揮了它的功能，讓人們可以過著富裕的生活。

「雖然科學技術不斷發展，建立了文明社會，但科學技術的發展有一個方向性的問題，也就是說，發展科學技術是為了讓人類幸福，還是單純出於興趣，因為稀奇的動機才去研究的呢？

「比如人們發現了原子能，很有趣、很帶勁，可以產生巨大的能量。如果是在謀求人類幸福這一哲學的基礎之上，開發原子能當然很好，然而，如果與此目的背道而馳，或許就會導致人類的滅亡。

「同時，資本主義這一經濟體系，營造了當今社會的繁榮。但是在這個體系中，『只要自己賺錢就好』的利己主義膨脹，正如在次貸危機中表現出來的，那些強欲貪婪的資本家聚集一起，為了自己的私利，為了少數頭頭、少數資本家個人發財暴富，不擇手段，帶來了世界性的災難。現在很多地方都出現了這種傾向，這樣下去，貧富差異越來越懸殊，社會也將越加混亂。

「因此，資本主義的運營，必須由哲學來指明方向，也就是說，為了人類全體的幸福，個人要努力抑制自己的欲望。

「所以，無論科學技術的發展也好，資本主義經濟的發展也罷，加進還是摒棄『利他』這一思想哲學的元素，結果將會迥然不同。」

關於宗教，稻盛說：「無論是佛教、基督教還是其他宗教，雖然各不相同，但它們的共性是勸人為善去惡。然而，即使是佛教，在日本就有許多宗派，有淨土真宗、禪宗等，它們都互相對立。釋迦牟尼教導的道理只有一個，但一旦出現派閥，就會把派閥的利益放在前面，勢必引起紛爭。因為宗派林立，宗教根底處的道理反而被忽視，為了維護自己的宗派，人們變得狹隘和偏激。其實同根同宗，根本目的都一樣，各種宗教理應和睦共處。」

如此直指事物核心的見解，猶如醍醐灌頂。

16
稻盛和夫的生命觀

至死利他，如有來世，還要繼續磨煉靈魂，繼續利他，利更多的人，這就是稻盛生命觀的精髓……

人在健康時，很少考慮生死的問題。但稻盛說，其實死亡離我們並不那麼遙遠。那麼，人死後又將怎樣呢？人本是肉體和精神的結合，沒有精神的肉體不就是行屍走肉嗎？這沒有問題，問題在於肉體死亡了，精神或者說靈魂會不會隨之消滅。

稻盛在京瓷公司上市時，請了著名的會計師宮村久治先生擔任監事。宮村比稻盛年長 9 歲，他為人正直，是一個恪守原則的人，後來他成了稻盛終生的摯友。稻盛的新家委託宮村設計建造，他們成了近鄰，兩人經常一起喝酒，成了知無不言、言無不盡的好朋友。但在信仰方面，兩人有很大差異，時常爭得面紅耳赤。

宮村是個唯物主義者，不相信宗教，只相信科學能夠證明的事實。所以，對稻盛所講的「人不僅有肉體，而且有靈魂，靈魂將會輪迴」這一類的話，宮村最開始是不屑一顧的。

有一次，稻盛對宮村說，對於靈魂的有無，與其否定，不如肯定；與其信其無，不如信其有。如果沒有，人死後反正灰飛煙滅，萬事皆空，一切無所謂；但如果真有，而你原來以為沒有，沒有做任何準備，到時你就會驚慌失措，被動狼狽。

稻盛說：「人死後究竟有沒有來世，有沒有靈魂，只有死後才會知道。我們兩人做一個約定，我們兩個人中誰先死了，那麼生者一定要去參加死者的葬禮。如果死後確有靈魂，那麼在葬禮上死者一定要顯靈，或者讓花束搖一搖，或者讓蠟燭的燭光跳一跳。就是要想辦法告訴活著的人，死後確有靈魂[7]。」

後來宮村突然逝世了，稻盛去參加葬禮，參加葬禮的親朋好友很多，稻盛仔細觀察周圍的動靜，希望能看到一些蛛絲馬跡，接收到宮村從彼岸發來的資訊。但他什麼都沒有發現，花束沒搖，燭光也沒跳，稻盛有點失望，還在心裡埋怨，可能宮村到了那個世界以後有點忙亂，把兩人事先的約定給忘了。

過了一個月，宮村骨灰下葬，稻盛夫婦在一個星期天下午去墓地祭拜，因為墓區很大，花了好長時間才找到。祭拜完畢，已近傍晚，稻盛夫人說，今晚不回家做飯了，就在外

註 7：稻盛信奉佛教，他認為人死後靈魂一定是存在的。

面吃吧。於是他們來到京都車站的美食街，去一家很有人氣的麵店，因為是晚飯時間，又是星期天，所以各店門口都有人排隊，但來到平時客人最多的這家麵店，卻沒人排隊，而且正好兩個客人吃完離席，空出了兩個位子。

等稻盛夫婦吃好後走出店門，卻看到門口已排成長隊。稻盛突然高興起來，他說：「這位子一定是宮村的靈魂幫我們預定的，如果不是這樣就無法解釋，為什麼其他店沒有空位，這家平時擁擠的店反而有空位。為什麼我們早來一刻、晚來一刻都沒有空位，恰巧在這一時刻有了空位。因為我們今天去祭拜宮村，他總算想起了我們的約定，現在以這種方式來兌現他的承諾了，宮村來告訴我們是有彼岸世界的。」稻盛夫人當然不相信稻盛這一套說辭，但也只是一笑而過。

對稻盛這個故事，我是這麼想的：與其說，稻盛從這件事中找出了靈魂存在的依據，不如說，因為稻盛相信靈魂不滅，才會對事情做這樣的解釋。稻盛說，他相信人有靈魂，即使無法證明，他也仍然相信，他期待科學的發展最終能夠證明靈魂的存在。

我因為從小接受唯物主義教育，所以沒有什麼宗教情懷。但是，對稻盛的「靈魂與其信其無，不如信其有」的說法，我卻認為這個觀點不僅符合邏輯，而且有益於我們的人生。

朝著淨化靈魂的方向做出真誠努力的人，雖然在波瀾起伏的人生中仍然難免犯錯，但因為有信仰，就不會肆無忌憚，不會做傷天害理的事。同時，像稻盛這種看淡生死的人，自然就能視死如歸，完全沒有對死亡的恐懼感。

稻盛在65歲時的一次體檢中，查出患了胃癌。生死考驗忽然降臨，但他波瀾不驚，得知消息的當天，他依然按照事先預定的日程，參加盛和塾塾長例會，在懇親會上照樣與大家談笑風生，晚間也照樣安然入睡。

在進手術室之前，他囑咐家屬：「如果術後無法自主進食，就讓我死掉算了。沒有必要在我身體上插滿各種管子，接上機器，進行複雜的生命延長治療。」

稻盛特別不願意在喪失思考能力的狀態下苟延殘喘。

稻盛在90歲高齡時與世長辭，但在80歲時，在一次對話中，他就說過：「我甚至連到時候怎麼死都已經決定好了。活著的時候我就好好活，一旦死期將臨，我就開始斷食。斷食能夠讓人在最後很快斷氣，簡單易行，不吃飯就行了。」

與其無價值地活，不如有尊嚴地死。在身體健康時拚命工作，不遺餘力；在死亡降臨時，對生再無留戀，對死毫無恐懼，這就是稻盛踐行的生命觀。

稻盛在八〇年代中期，曾患嚴重的三叉神經痛，一位印度醫生在診斷時，把他的病史說得準確又細緻，讓他十分佩服。最後，這位印度醫生說：「你這個病雖然一時痛苦，但並無大礙，你可以活到 80 歲。」

因為信任這位醫生，稻盛就把人生 80 年做了一個劃分：從出生起的 20 年，是為踏進社會做準備的時期；從 20 歲到 60 歲這 40 年，是拚命工作的時期；如果活到 80 歲，那麼 60 歲後的 20 年，就是為迎接死亡做準備的時期。

那麼死亡是什麼呢？稻盛相信人有肉體和靈魂，因此，所謂死亡，可以設想為：肉體留在現世，而靈魂朝另一個世界開始新的旅程。也就是說，肉體消亡了，而「我」卻以「靈魂」的形式永存。死亡不過如此而已。

稻盛說：「如果把死亡看作靈魂開始新的旅程，那麼應該怎樣來迎接死亡呢？在死亡到來之際，今生創造的一切東西，都必須留在現世。名譽、地位、財產，一切都只能放棄，只剩靈魂，靈魂開始新的旅程。

「這就是說，人從生到死這期間，把靈魂變得純潔，才是人生的目的。沒有一個人因為主動要求降生現世、享受人生，才來到這世上。當我們意識到物、心的存在時，我們已經在父母的膝下享受了一段人生。靈魂降生人世，在嚴酷的現世中經歷磨煉，迎接死亡，然後靈魂又開始新的旅程。

「人生有成功、有失敗、有幸運、有災難，會發生各種各樣的事。人生的風浪磨煉人的靈魂，在迎接死亡之際，重要的不是此生是否有過顯赫的事業和名聲，而是做為人父、做為人母，是否有一顆善良的心，是否有一個純潔而美好的靈魂。能夠以這樣的心、這樣的靈魂去面對死亡，我以為這就是人生的目的，人生的目的就是磨煉靈魂。」

我認為，稻盛上述這段話，已經把他的生命觀表達得非常透澈了，他 90 年的人生就是這麼度過的。

稻盛逝世後，我問他女兒，稻盛最後幾年是不是像一個普通老人一樣生活？他女兒說，一個極其普通的老人，過著還不如一般老人的簡單至極的生活。

在最後的日子裡，因腸阻塞手術後不能自主進食，也沒有食欲，稻盛便放棄了延命治療，他實踐了他早就決定的「簡單易行的死法」。

至死利他，如有來世，還要繼續磨煉靈魂，繼續利他，利更多的人，這就是稻盛生命觀的精髓。

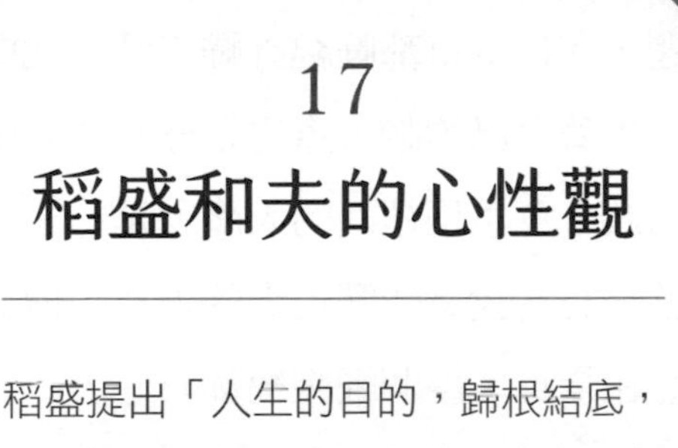

17
稻盛和夫的心性觀

稻盛提出「人生的目的，歸根結底，就是提高心性，除此之外，人生再無別的目的」……

心在哪裡

這個問題，在日本京都圓福寺禪修時，我問過那裡的年輕僧人。有人指著自己的胸，意思是裡面的心臟就是心；有人指著自己的頭，意思是裡面的大腦就是心，或者說腦細胞產生的意識就是心。我又問圓福寺的方丈，他從上到下比劃了一下，說心在全身，每個細胞裡都有心。

後來我逮著一個機會，當面向稻盛先生請教「心在哪裡」，稻盛先生不假思索，脫口而出：「心是良心」。

當時我一下子反應不過來，心想：我問您的是心在哪裡，您卻回答「心是良心」，這不是答非所問嗎？

後來我細細咀嚼，才悟到稻盛先生講到了點子上。再後來，我讀到稻盛的一份演講稿，裡面寫道：「心在哪裡？我也不知道，但心的本質就是真善美。」

這時我才恍然大悟。既然心是良心，心的本質是真善美，那麼，只要把心的這個本質特性發揚光大不就行了嗎？像我這樣鑽牛角尖，硬要搞明白心在哪裡，有什麼意義呢？

因為語言習慣不同，稻盛先生講「提高心」，我們翻譯成「提高心性」；稻盛先生講「淨化心」，我們翻譯成「淨化心靈」；稻盛先生講「心之樣相」，我們翻譯成「心態」。還有，我們有時用「心腸」、「心地」、「心緒」等來表達心，但日語往往只用一個「心」字，可見「心」的翻譯就很微妙。

心有多重要

心在哪裡，雖然看不見、摸不著、說不清，但因為心實在太重要了，所以人們總是搜索枯腸、絞盡腦汁，努力來描述和表達這個「心」。信手拈來就有：開心、傷心、心花怒放、心急如焚、心曠神怡、心灰意冷、心猿意馬……

還有：言為心聲、境由心造、相由心生。稻盛所說的「一切始於心，終於心」等，無非說明心有多麼重要。人們經常使用「心」這個詞，但能夠說明「心」為何物的人卻非常少。但是，如果不理解「心」是什麼，那麼要思考「所謂人是什麼」、「應該如何度過人生」這類的問題，就非常困難。

500 多年前，中國有「陽明心學」；400 多年前，日本有「石門心學」。稻盛先生雖說是科學家出身的企業家，但他終生追究的問題也是心的問題，寫《心》這本書，是稻盛先生的夙願。

境隨心轉

有人問稻盛：「您在去日航之前有沒有考慮過失敗？」稻盛答：「從來沒有考慮過失敗，一絲一毫都沒有。」問者一臉茫然。但我知道，這是稻盛一貫的思想。

如果人從內心相信，要做的這件事是正確的，那麼接下來要思考的問題，就不是做或不做、做得成或做不成的問題，而是如何千方百計把它做成的問題。

關鍵是從內心「相信」能夠成功，「相信」是希望的火種，它能點燃人們的熱情，照亮前進的道路。

稻盛說「人生的一切皆由內心描繪而來」。境隨心轉，佛教把「心中所思在現象界呈現出來」這一事實稱為「思之所作造業」。思想冒頭，由此發動的行為就是「思之所作」。思考是心的波動，是一種能量，持續進行連續不斷的強烈思考，能量便會凝結，並作為現象在我們的周圍顯現，這個過程就是所謂「思之所作造業」。

比如在經濟蕭條時，或者業績連年不振時，有的經營者就會擔心「這樣下去公司將會破產」，抱著這種否定的態度，憂心忡忡，悶悶不樂。當這種心態占據心靈時，否定性的事情就真的會被吸引過來。

因此，即使是災難也要樂觀看待，保持積極開朗的思維方式，拚命努力，就能將好的、肯定性的結果吸引過來。日航戲劇性的成功，就是一例。

什麼是稻盛心學

稻盛先生「心之多重結構」的理論耐人尋味。

他認為，心從裡到外，由真我、靈魂、本能、感性、理性這五層組成。核心是真我，真我就是真善美，具體來說，包括上進心、謙虛心、反省心、感謝心、知足心、利他心、樂觀心、勇猛心等。

與王陽明先生和石田梅岩先生不同，稻盛先生年輕時在科學技術方面就有許多發明創造，後來又成功經營京瓷、KDDI、日本航空三家大企業。搞科技創新，稻盛當然具備科學的思維方式；經營企業，更是需要高度的唯物主義精神。

但是，從年輕時起稻盛就意識到，比起科學技術，比起經營企業的方式方法，人心才是最根本的問題，他提出並貫徹「以心為本」的方針，時時審視自己的心態，同時洞察他人的心境，努力把大家的心凝聚在一起。他提出「提高心性，拓展經營」的口號，他甚至提出「人生的目的，歸根結底，就是提高心性，除此之外，人生再無別的目的」。

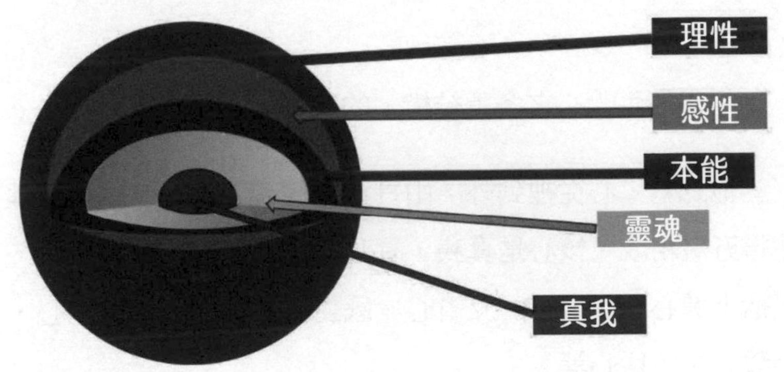

▲心之多重結構

所謂提高心性，就是在工作和生活中實踐真善美，時時事事讓良心、真我釋放光彩。

如何提高心性

因為人心的本質是真善美，所以大家都嚮往真善美，但要將真善美持之以恆地付諸實踐，卻非常困難。這是為什麼呢？因為從心的結構來看，人心中有本能的欲望、有感性的衝動、有理性的算計，還有靈魂的污垢。

如何淨化，如何抑制？需要日常的「修行」。如何「修行」？稻盛先生從自身經驗中總結出六條，就是在六個方面做出努力，稱為「六項精進」。

一、付出不亞於任何人的努力

全身心投入工作，精益求精，從中獲得樂趣，就能抑制怠惰之心。同時聚精會神，專注於工作，私心雜念自然就會消退，這是最有效的「修行」。

二、要謙虛，不要驕傲

努力工作獲得成就，特別是掌握權力以後，人就會傲慢起來，這簡直是歷史規律，有時甚至連偉人也很難免俗。因此，抑制傲慢心、保持謙虛就是一項很重要的「修行」。

三、要每天反省

即使很勤奮，但人有時還是會偷懶；即使告誡自己要謙虛，但周圍有小人奉承，內心有欲望湧動，人還是禁不住傲慢，有時還會發脾氣。堅持每天反省，就不會讓自己變得更壞，這項「修行」必不可缺。

四、活著，就要感謝

人若認真反省，意識到自己的成就和進步，得益於周圍人的支持和幫助，就會生出感謝之心。另外，如果把挫折和災難看成磨煉心志、增進能耐的機會，因而由衷地說一聲「謝謝」，並更加努力，就是非常卓越的「修行」。

五、積善行，思利他

這項「修行」中要注意的是，「大善似無情，小善是大惡」。分清大善和小善，真正為他人好，真正利他，才是有效的「修行」。

六、不要有感性的煩惱

實踐上述五項，煩惱就會大大減少。但人畢竟是會被煩惱所困的動物，特別是遭遇失敗、打擊和委屈時，難免痛苦煩惱。這時候，以理性抑制住煩惱，把精力投向新的工作，就是很好的「修行」。

只要堅持六項精進，心性就能提升，事業就能成功，人生就能幸福。

稻盛心學的核心是什麼

從良心和真我中引申出來，在心中樹立一個明確的判斷基準。這個基準用一句話講，就是「**做為人，何謂正確**」。

換句話說，不是把利害得失，而是把是非善惡作為一切判斷和行動的基準。

習慣性看上級的臉色，保自己的烏紗帽，掂量個人的利害得失，人在這種心態之下，不但不能見微知著，及時發現問題和危險，還會有意無意地掩蓋真相，打擊在第一線說真話的人。如果說，平時這種做法還不會釀成大害的話，那麼，在特殊時期，就可能禍國殃民。

但如果我們學會了自我反省，學會了謙虛謹慎，特別是樹立了用「是非善惡」判斷事物的明確基準，並付諸行動，大家都努力共有這個基準，或許就能從根本上進步，就能立於不敗之地，就能受到全世界的信任和尊敬。

18

稻盛和夫的宇宙觀

我們每個人都擁有與構成宇宙相同的要素，我們每個人的心底深處，都存在著與宇宙森羅萬象相同的本質……

在日航和日本政府共同制訂的日航重建計畫中，日航第一年的利潤應達到 641 億日元，第二年的利潤應達到 757 億日元。但輿論認為這根本不可能實現，報紙的標題是：「日航二次破產必至！」

然而，稻盛進日航的第五個月，日航就開始扭虧為盈，第一年的利潤高達 1884 億日元，位居世界航空業第一，而且遙遙領先，同時，日航的準點率也達世界第一。

用這麼簡單的思想，就能在這麼短的時間內，把這麼糟糕的企業改造得這麼成功，這是事先沒有任何一個人預想得到，事後也沒有任何一種管理理論能夠解釋清楚的。

在《日航重建成功的真正原因》一文中，稻盛分析了如何以他的哲學改變了日航員工的意識，如何用阿米巴經營模式改變了日航的官僚型組織體系，以及自己零薪出任日航會長的無私行為，如何給了日航員工有形和無形的影響。

他還提到了盛和塾動員 55 萬人乘坐日航的義舉，這些當然都是日航重建成功的原因。但僅靠這些，還不足以說明日航為何會有如此神速、如此奇蹟般的、史詩般的成功，稻盛最後的結論是：這是天佑，是宇宙的力量。稻盛說：

我們每一個人都擁有與構成宇宙相同的要素，我們每個人的心底深處，都存在著與宇宙森羅萬象相同的本質。因此，我們才會做為嬰兒呱呱墜地，才會在這個自然界自由地呼吸。

我們每個人心底的最深處都存在著「真我」，這個「真我」與創造宇宙萬物最基本的東西，在本質上完全相同，有人稱之為「魂」。

當魂與宇宙相感應、與宇宙的波長相一致時，無論多麼困難的事情都可以迎刃而解。「為什麼那個人在那麼難的事情上，那麼輕易地就成功了呢？」用理性分析，那是非常艱難的事情，是根本做不成的事情，但只要讓自己內心深處的「真我」與宇宙相連接，那時候，上天自然就會出手相助——意識到天能助我，努力提高自己的品格，使得上天樂於相助，那麼，無論多麼困難的問題都一定能解決。這就是我的觀點。

只要用純粹的、美好的心靈思考問題，即使涉足困境也能輕易獲勝。在旁人看來，「那人挑戰那麼棘手的事情，一定會碰得頭破血流」，但結果卻是輕鬆

> 取勝。保持美好心靈的人，他並非憑藉個人的力量，而是以宇宙為同盟，所以一切都能順利推進，這就是自然界。

這一段話表達了稻盛的宇宙觀。稻盛經常思考的問題之一是，怎樣用科學的理論，來證明他敬天愛人的利他哲學的正確性和必要性。現代物理學最尖端的「宇宙大爆炸」理論[8]，給了他一種啟示。

這個理論認為，浩瀚無垠的宇宙，最初不過是手可盈握的超高溫、超高壓的基本粒子的團塊，經過大爆炸才逐漸形成了今日的宇宙。在大爆炸和不斷膨脹的過程中，基本粒子構成了電子，又構成了質子，二者相互吸引，就形成了最初的氫原子，太陽主要就是氫原子的團塊。

氫原子經核聚變，生成各種原子，原子與原子結合構成分子，分子互相結合構成高分子，於是蛋白質出現了，原始生命誕生了。原始生命繼續不斷進化，催生了各種植物動物，直至孕育出萬物之靈——人類。

註 8：宇宙大爆炸是現代宇宙學中最有影響的一種學說，目前科學界對此仍存在爭論。

為什麼會有這樣持續不斷的進化過程呢？停留在原子階段不行嗎？停留在分子階段不行嗎？停留在植物或獸類的階段不行嗎？答案是不行！宇宙就是不斷進化的。科學家把這稱為宇宙的「法則」，也就是說，宇宙本來就是這樣的，沒有什麼為什麼。猶如「兩點之間可以畫一條直線」，此乃不證自明的公理。

但稻盛主張，與其稱之為宇宙的「法則」，不如稱之為宇宙的「意志」，宇宙存在著讓萬事萬物不斷發展進步的「意志」。當人的思想和行為與宇宙的意志同頻共振時，就能獲得宇宙力量的加持。不僅日航奇蹟般的成功可以這樣來解釋，京瓷、KDDI、京都獎、盛和塾等，稻盛一切事業的成功，都可以以此來解釋。因為他純粹的心靈，順應了宇宙向上向善的意志，因而獲得了「天助」——宇宙出手相助。

這是稻盛的切身感受。在技術開發和企業經營中，常常有不可思議的「靈感」突然降臨，促使難題很快得到解決，稻盛把這些稱作宇宙相助。

有人說，稻盛和夫的宇宙觀是「天人合一」思想的升級版，這個說法很有意思。

|後記|稻盛哲學

本書在敘述了稻盛和夫的人生道路之後，簡要地闡述了稻盛哲學的三個要點。

一、判斷基準。稻盛說這是他哲學的「原點」。

二、成功方程式。稻盛說這是他哲學的「核心」。

三、經營理念。稻盛說這是他哲學的「根幹」。

接著又論述了從上述三要點，特別是從「做為人，何謂正確」這一判斷基準引申出來的、從人生觀到宇宙觀的 13 種「觀」。

從中可以看到，相關機構認定稻盛和夫是人類有史以來名列第一的企業家，這個結論是令人信服的。我認為，稻盛和夫作為企業家中的哲學家，特別是利他哲學的哲學家，世所罕見。

然而在後記中，我想強調的是，絕不要神化稻盛，無論在實踐上還是理論上，神化某個人都是錯誤而且有害的。

在學習稻盛哲學的相關活動中，有一個很受歡迎的培訓課程，至今已經持續舉辦了 900 多期。當初，培訓一開始，有一個所謂的「拜師禮」，我提出必須取消這一形式，培訓老師很快接受了我的意見。我是這麼說的：

「搞拜師禮，拜稻盛是不對的。對稻盛表達敬意當然可以，但沒有必要採取拜師形式，稻盛本人也反對這種做法。我們或許可以稱他為『聖人』或接近聖人的人，但沒有必要用崇拜這種詞句和形式，因為一旦崇拜，就難免有迷信和盲目的成分。

「無論稻盛還是其他偉大的人，他們在偉大的同時，也是一個平凡的人。稻盛先生是人，當然會犯錯誤，有時會朝令夕改，他至今堅持天天反省，在創立第二電電時，他竟然花費半年時間自問有無私心，都說明了這一點。

「切不可神化稻盛，一旦神化，就把他和我們隔離了，因為人無法向神學習。」

採取拜師形式不但有一部分人心底不會認同，而且會降低這個培訓班的格局。認真實踐稻盛哲學，才是對稻盛先生最大的尊敬，也是稻盛先生對我們真正的期待。傳播稻盛哲學不僅在內容上而且在形式上都要符合稻盛哲學，不要搞個人崇拜。

最後，我想接續前言裡所講的 5 個問題，並加上稻盛的點評，作為本書的結尾。

■ 問 6：稻盛哲學有什麼特點？

我認為稻盛哲學有四個特性，簡樸性、實踐性、道德性、辯證性。

1. 簡樸性

稻盛剛剛創業時，28 名員工中大多數只有國中學歷，稻盛要用他們聽得懂的語言給他們講哲學，讓他們理解、接受，並與他們一起實踐。

說到哲學，很多人覺得是深奧抽象的學問，是少數學者專家的事，但稻盛善於用樸實的語言表達深刻的思想。稻盛哲學沒有任何難懂的哲學術語，它深入淺出，卻又有感動和召喚人心的力量。

2. 實踐性

稻盛與以往的哲學家不同。因為是科學家出身，年輕時就有重要的發明創造，而且 27 歲就創辦企業，所以他的哲學來自親身的實踐，包括開發新材料、新產品的科學實踐和經營企業實踐，當然也包括生活實踐。

從實踐中來的哲學，又要反過來指導經營實踐，使事業獲得巨大發展，而經營實踐又使哲學不斷豐富。這種從實踐到理論，又從理論到實踐的、緊密的、反覆的迴圈，使實踐和理論、經營和哲學達到了高度的平衡、完美的統一。

3. 道德性

就一般概念來說，哲學是哲學，道德是道德，兩者雖有聯繫，卻分別屬於不同的範疇。但稻盛哲學則把道德放進了哲學，以「做為人，何謂正確」，也就是以「利他之心」

思考、判斷和行動成了稻盛哲學的核心。這在其他哲學中是罕見的。

4. 辯證性

稻盛哲學強調兼備事物的兩極，比如利己和利他、大善和小善、大膽與小心、慈悲心和鬥爭心、大家族主義和市場競爭主義等，比如，經營者對員工既要關心愛護又要嚴格要求，兩者要高度平衡，這是每天的工作中都會面對的課題。

■ 問 7：如何評價稻盛的經營理念？

經營理念，又叫企業目的。稻盛 29 歲的時候，在處理 11 名有高中學歷的員工集體辭職的痛苦經驗中，領悟並制定了京瓷公司的經營理念，就是在追求全體員工物質和精神兩方面幸福的同時，為人類社會的進步發展做出貢獻。

這兩句話看起來很樸實，語不驚人，但它卻是幾乎所有經營者從來沒有領悟的企業經營中最重要的原理原則，它被放在稻盛「經營十二條」規律的第一條中，也就是說，它是正確經營企業的前提。

這個理念的特點是把追求員工幸福放在首位。企業經營究竟是員工第一還是客戶第一，或是股東第一？至今爭論不休。

有股東投資才有企業，客戶買你的產品企業才能生存，沒有國家的保護和支援，企業也難以發展。然而，股東、客戶、國家並不能代替你來經營企業。實際負責企業運行、每天進行企業生產經營活動的，是包括經營者在內的全體員工。如果全體員工都很盡責，每天都在各自的崗位上努力工作，發揮自己的聰明才智，齊心協力，精益求精，那麼企業就能凝聚巨大的合力，企業就能持續發展、長期繁榮。

這樣才能不斷提供客戶令他們滿意的產品和服務，才能讓股東獲得穩定的回報，才能向國家多繳稅，才有能力開展各種社會公益活動。這個道理並不複雜。

追求全體員工物質和精神兩方面幸福，同時又為人類社會的進步發展做出貢獻。我認為這個理念雖然樸實卻非常偉大，可以說這是自人類有集團以來，一切集團理念中最高貴的理念，沒有什麼集團的理念可以超越它。

更可貴的是，幾十年來，稻盛在某種程度上已經實現了京瓷、KDDI 全體員工和日航共約 13 萬人物質和精神兩方面的幸福。他把千百年來聖賢們苦苦追求卻從來沒有實現過的理想，變成了現實。

極而言之，只要將稻盛的理念和模式拷貝實踐，一個人人幸福美滿的嶄新世界就會出現。我們盛和塾的企業家，首先都要在自己的企業內為創造這樣的新世界而奮鬥。

同時，如果把這個理念中的「全體員工」提升為「全體國民」——「在追求全體國民物質和精神兩方面幸福的同時，為人類社會的進步發展做出貢獻」，這可以而且應該成為一個國家的理念。

這個理念世界通用，如果全世界的政府和國民都能明確這一理念，實踐這一理念，世界上的很多問題和紛爭或許都可以迎刃而解。

■ 問 8：稻盛哲學和儒、釋、道有何異同？

稻盛講的「利他」與儒教的「仁」、道教的「道」、基督教的「愛」、佛教的「慈悲」以及王陽明的「良知」，本質上是同一回事。

雖然稻盛受儒、釋、道的影響很深，但從根本上講，稻盛哲學是稻盛先生從自己的生活、工作和經營的實踐中，在痛苦煩惱中，在不斷的自問自答中自己悟出來的。稻盛在30歲前後，已經相當完整地、非常清晰地構建了他的經營哲學和人生哲學。

當然，在這個過程中，以及在後來的歲月中，他又把儒、釋、道和東、西方的其他許多優秀文化，融入他的哲學之中。

我覺得用「不謀而合、殊途同歸」這8個字來形容稻盛哲學與儒、釋、道的關係比較合適。比如，稻盛把「做為人，何謂正確」當作判斷一切事物的基準，這同王陽明的「致良知」異曲同工。

所謂「致良知」，就是把良知發揮到極致，就是事事對照「良知」，換句話說，也就是事事都要對照「做為人，何謂正確」，來判斷和行動。

包括儒、釋、道在內，中國幾千年歷史中產生的思想文化瑰寶，對於企業家修心養性、提升個人品格具有積極的意義。但是，在以家庭為單位的、自給自足的自然經濟和封建專制統治之下，當時的社會組織形態，沒有也不可能產生現代企業這樣的組織形式，更沒有現代企業經營管理的哲學和模式。

傳統文化中有許多東西已不適應現代社會，同時，文言文，之乎者也，讓缺乏古文素養的人很是頭痛，因此直接靠所謂「國學」，直接靠儒、釋、道去教育企業員工、改變員工的行為，實際上有很大的困難。

稻盛除了是科學家、企業家、哲學家，還是教育家。稻盛哲學吸收了儒、釋、道的精華，融會貫通，將它成功地應用於企業經營。從這個意義上講，稻盛哲學是現代商業社會的儒、釋、道，同時，稻盛哲學還吸收了西方的科學、科學管理以及優秀的人文精神。

從這個意義上講，稻盛哲學是集古今中外優秀文化之大成，並成功應用於現代企業經營的典範。

某集團的董事長，他不但參加過包括儒、釋、道在內的各色培訓班，還專程去美國哈佛大學、西點軍校和英國劍橋大學、牛津大學研修經營管理，但在接觸稻盛哲學，特別是去日本遊學以後，他說了三句話：

- 稻盛哲學是值得本企業乃至全中國企業深度學習的思想。
- 在稻盛哲學中，我不但找到了企業的方向，而且找到了人生的意義。
- 今後，我這一輩子只做一件事，就是學習、實踐和傳播稻盛哲學。

我覺得這位董事長的話，代表了中國盛和塾企業家們的心聲。

■ 問 9：稻盛哲學適用於中國企業嗎？

稻盛的信條是敬天愛人，稻盛哲學講「以心為本」，講「做為人，何謂正確」。我們都是人，都有心，因此稻盛哲學不僅超越行業，而且超越國界，超越民族和文化差異。

事實上，盛和塾 8000 多名[9]企業家中，不但在日本有接近 100 家企業已經成功上市，而且在美國有蘭花大王，在巴西有香蕉大王。在中國，有一大批企業都在認真學習和實踐稻盛哲學，有的已經取得了顯著成效。

在中國企業家塾生中，像做房屋仲介生意的伊誠地產，做建築軟體的廣聯達等企業，他們的目標不僅是中國第一，而且是行業內世界第一，而稻盛哲學就是他們實現這種高目標的思想武器。

稻盛哲學圍繞實際，具有普遍性，稻盛先生離我們心靈的距離很近，我們每個人都能從他的思想中吸取力量，作為我們不斷前進的動力。稻盛和夫是這個時代的榜樣，不僅日本，整個世界都需要稻盛和夫這樣的人，需要稻盛哲學這樣的思想哲學。

註 9：這些回答最初發表是在 2013 年，後同。

當然，信奉利己主義又不肯反省的人，確實難以理解和接受稻盛的利他哲學，更不願意去實踐，但這是他們自己的問題，而不是稻盛哲學的問題。

■ 問 10：「盛和塾現象」有什麼含義？

盛和塾是稻盛塾長向企業家塾生義務傳授企業經營哲學和實學的道場。從 1983 年起，已經有 30 多年的歷史，塾生人數超過 8000 名，而且還在快速增加。向成千上萬、各行各業、大大小小的企業家傳授企業經營的真諦，這是古今東西、整個人類歷史上獨一無二的現象。

2500 年來，東西方有許多卓越的思想家、哲學家，但他們卻沒有經營企業的經驗。自 200 多年前英國工業革命產生現代企業以來，包括當今世界，雖然有許多傑出的大企業家，但他們都沒有成為思想家、哲學家。

另外，西方的管理學，包括各種商學院傳授的經營管理的知識，大多偏向於方法技法、方式模式，總是在「術」的層面打轉。

理想的企業應該是怎樣的？究竟如何正確地經營企業？怎樣才能讓企業持續成長發展？企業經營者應該具備怎樣的人格？對於這樣的問題，不但儒、釋、道中沒有現成的答案，現代商學院也無力解答。

而既是企業家又是哲學家的稻盛，已經把自己豐富的經營經驗提升到了哲學的高度，成為正確經營企業的、普遍適用的原理原則。而這種哲學的正確有效，不僅在京瓷、KDDI、日航得到證實，而且已經被盛和塾上萬家企業的實踐所證明。

簡單地講，只要你認認真真實踐稻盛的「六項精進」、「經營十二條」，在一、兩年之內，你的企業就有可能成長為高收益的企業，就如日航一樣。

另外，稻盛還是一個無私忘我的人，一個謙虛樸實的人，一個平易近人的人，和他的思想一樣，他的人格也充滿魅力。

稻盛是眾多企業家的經營之師，稻盛哲學宣導利他主義，盛和塾現象世所罕見，應該引起全世界更大的關注。

■ 問 11：企業導入阿米巴經營模式究竟難不難？

有人說實踐稻盛哲學很難，導入阿米巴經營模式更是難上加難。

首先，究竟難不難？這是一個禪問答。天下事有難易乎？為之，則難者亦易矣；不為，則易者亦難矣。

阿米巴經營是分部門核算的一種經營方法，依據企業規模和行業的不同，阿米巴的複雜程度也不同。根據導入成功的企業的經驗，在初始階段，因為企業要增加許多事務性工作，所以做起來有點煩瑣；但養成習慣後，因為企業能實現生產與市場掛鉤，培養經營主管者和全員參與經營的目的，所以好處很多。

在阿米巴經營模式中，各阿米巴不但要獨立核算，追求自己的效益，還要考慮相關的阿米巴和企業整體的利益。同時效益好的阿米巴，並非馬上就會漲薪資或獎金，而是得到上級和其他阿米巴的感謝和誇獎，獲得精神上的滿足感和自豪感。

另外，阿米巴的資料要真實可靠，不能弄虛作假。因此在導入和實行該模式時，利他的哲學必不可缺。日航也是在稻盛進入 14 個月以後，才正式實施阿米巴經營模式。

有的企業在導入阿米巴經營模式後，會遇到障礙或出現反覆，這時經營者的態度十分重要。稻盛說：「阿米巴經營的成敗，取決於經營者的意志。」這是經驗之談。

最後，我寫了一副對聯贈送稻盛先生：

唐代鑒真東渡日本傳漢文
今朝稻盛西飛中國授哲學

稻盛和夫對我上述11個問題回答的點評

曹先生，真的非常感謝您。聽了您的一番話，我有一種深切的感受，我覺得，對於我的經營哲學，像您這樣，有如此深刻理解的人，恐怕全世界也沒有吧。

您的理解確實很到位，但是，聽您的發言，我又感到，您對我的評價太高了，過分抬舉我了，我並沒有那麼偉大、那麼了不起。我不過是和大家一起，在經營企業的過程中吃苦耐勞、惡戰苦鬥、拚命工作，一路走來，今年（2013年）我81歲了。

我總是想，我應該把我自己在艱苦奮鬥中所積累的經營的經驗、體悟，盡可能地傳授給更多的人，讓像我一樣、正在辛苦經營企業的同仁們，能夠稍微輕鬆一點、舒暢一點、高興一點。為此，我才不敢懈怠，一心一意，努力至今。

而您深刻地理解了我的行為和我的哲學，並做了精彩的解說，真的非常感謝您。就說這些。

百術不如一誠

稻盛和夫的經營哲學與人生觀，一本書讀懂稻盛和夫

作　　者／曹岫雲
美 術 編 輯／孤獨船長工作室
執 行 編 輯／許典春
企劃選書人／賈俊國

總　編　輯／賈俊國
副 總 編 輯／蘇士尹
編　　　輯／黃欣
行 銷 企 畫／張莉滎・蕭羽猜・溫于閎

發　行　人／何飛鵬
法 律 顧 問／元禾法律事務所王子文律師
出　　　版／布克文化出版事業部
115 台北市南港區昆陽街 16 號 4 樓
電話：(02)2500-7008　　傳真：(02)2500-7579
Email：sbooker.service@cite.com.tw
發　　　行／英屬蓋曼群島商家庭傳媒股份有限公司城邦分公司
115 台北市南港區昆陽街 16 號 5 樓
書虫客服服務專線：(02)2500-7718；2500-7719
24 小時傳真專線：(02)2500-1990；2500-1991
劃撥帳號：19863813；戶名：書虫股份有限公司
讀者服務信箱：service@readingclub.com.tw
香港發行所／城邦（香港）出版集團有限公司
香港九龍土瓜灣土瓜灣道 86 號順聯工業大廈 6 樓 A 室
電話：+852-2508-6231　　傳真：+852-2578-9337
Email：hkcite@biznetvigator.com
馬新發行所／城邦（馬新）出版集團 Cité(M)Sdn.Bhd.
41, Jalan Radin Anum, Bandar Baru Sri Petaling,
57000 Kuala Lumpur, Malaysia
電話：+603- 9056-3833　　傳真：+603-9057-6622
Email：services@cite.my
印　　　刷／韋懋實業有限公司
初　　　版／ 2024 年 5 月
定　　　價／ 380 元
ＩＳＢＮ／ 978-626-7431-41-2
ＥＩＳＢＮ／ 9786267431405(EPUB)
作品名稱：《百術不如一誠》
作者：曹岫雲
本書由廈門外圖凌零圖書策劃有限公司代理，經人民郵電出版社有限公司授權，同意由城邦文化事業股份有限公司·布克文化出版中文繁體字版本。非經書面同意，不得以任何形式任意改編、轉載。

城邦讀書花園　布克文化
www.cite.com.tw　WWW.SBOOKER.COM.TW